国家级一流本科专业建设点配套教材·服装设计专业系列 | 丛 书 主 编 | 任 绘

高等院校艺术与设计类专业“互联网+”创新规划教材 | 丛书副主编 | 庄子平

服装 CAD

鲍殊易 编著

内 容 简 介

服装 CAD 是数字化技术融入服装行业生产环节的集中体现，也是服装行业技术结构提升的重要基础。本书以 NAC2012（日升服装制板软件）为导入平台，通过软件介绍来讲解服装 CAD 的发展历史、数字化技术在行业发展及国内外服装生产过程中的现状等基础理论知识；同时，介绍 NAC2012 的组织界面、功能设置、操作技能等版块，引导学生进行实际操作训练，最终完成标准的服装平面结构图。通过本书的学习，学生可加强对服装结构设计的理解，加强对服装结构变化原理的运用，进一步提升服装结构设计能力。

本书可作为高等院校服装与服饰设计、服装设计与工程、纺织服装设计等专业的教材，也可作为广大服装设计爱好者的自学参考用书。

图书在版编目（CIP）数据

服装 CAD/ 鲍殊易编著．-- 北京：北京大学出版社，2025．1．--（高等院校艺术与设计类专业“互联网 +”创新规划教材）．-- ISBN 978-7-301-35504-6

Ⅰ．TS941.26

中国国家版本馆 CIP 数据核字第 2024BN9390 号

书　　名　服装 CAD
　　　　　　FUZHUANG CAD
著作责任者　鲍殊易　编著
策 划 编 辑　孙　明　蔡华兵
责 任 编 辑　孙　明　王　诗
数 字 编 辑　金常伟
标 准 书 号　ISBN 978-7-301-35504-6
出 版 发 行　北京大学出版社
地　　址　北京市海淀区成府路 205 号　100871
网　　址　http://www.pup.cn　新浪微博：@ 北京大学出版社
电 子 邮 箱　编辑部 pup6@pup.cn　总编室 zpup@pup.cn
电　　话　邮购部 010-62752015　发行部 010-62750672　编辑部 010-62750667
印 刷 者　河北博文科技印务有限公司
经 销 者　新华书店
　　　　　　889 毫米 ×1194 毫米　16 开本　9.5 印张　304 千字
　　　　　　2025 年 1 月第 1 版　2025 年 1 月第 1 次印刷
定　　价　45.00 元

FOREWORD

序言

纺织服装是我国国民经济传统支柱产业之一，培养能够担当民族复兴大任的创新应用型人才是纺织服装教育的重要任务。鲁迅美术学院染织服装艺术设计学院现有染织艺术设计、服装与服饰设计、纤维艺术设计、表演（服装表演与时尚设计传播）4 个专业，经过多年的教学改革与探索研究，已形成 4 个专业跨学科交叉融合发展、艺术与工艺技术并重、创新创业教学实践贯穿始终的教学体系与特色。

本系列教材是鲁迅美术学院染织服装艺术设计学院六十余年的教学沉淀，展现了学科发展前沿，以“纺织服装立体全局观”的大局思想，融合了染织艺术设计、服装与服饰设计、纤维艺术设计专业的知识内容，覆盖了纺织服装产业链多项环节，力求更好地为全产业链服务。

本系列教材秉承“立德树人”的教育目标，在“新文科建设”“国家级一流本科专业建设点”的背景下，积聚了鲁迅美术学院染织服装艺术设计学院学科发展精华，倾注全院专业教师的教学心血，内容涵盖服装与服饰设计、染织艺术设计、纤维艺术设计 3 个专业方向的高等院校通用核心课程，同时涵盖这 3 个专业的跨学科交叉融合课程、创新创业实践课程、产业集群特色服务课程等。

本系列教材分为染织服装艺术设计基础篇、理论篇、服装艺术设计篇、染织艺术设计篇、纤维艺术设计篇 5 个部分，其中，基础篇、理论篇涵盖染织艺术设计、服装与服饰设计、纤维艺术设计 3 个专业本科生的全部专业基础课程、绘画基础课程及专业理论课程；服装艺术设计篇、染织艺术设计篇、纤维艺术设计篇涵盖染织艺术设计、服装与服饰设计、纤维艺术设计 3 个专业本科生的全部专业设计及实践课程。

本系列教材以服务纺织服装全产业链为主线，融合了专业学科的内容，形成了系统、严谨、专业、互融渗透的课程体系，从专业基础、产教融合到高水平学术发展，从理论到实践，全方位地展示了各学科既独具特色又关联影响，既有理论阐述，又有实践总结的集成。

本系列教材在体现了课程深厚历史底蕴的同时，展现了专业领域的学术前沿动态，理论与实践有机结合，辅以大量优秀的教学案例、社会实践案例、思考与实践等，以帮助读者理解专业原理、指导读者专业实践。因此，本系列教材可作为高等院校纺织服装时尚设计等相关学科的专业教材，也可为从事该领域的设计师及爱好者提供理论与实践指导。

中国古代“丝绸之路”传播了华夏“衣冠王国”的美誉。今天，我们借用古代“丝绸之路”的历史符号，在“一带一路”倡议指引下，积极推动纺织服装产业做大做强，不断地满足人民日益增长的美好生活需要，同时向世界展示中国博大精深的文化和中国人民积极向上的精神面貌。因此，我们不断地探索、挖掘具有中国特色纺织服装文化和技术，虚心学习国际先进的时尚艺术设计，以期指导、服务我国纺织服装产业。

一本好的教科书，就是一所学校。本系列教材的每一位编者都有一个目的，就是给广大纺织服装时尚爱好者介绍先进思想、传授优秀技艺，以助其在纺织服装产品设计中大展才华。当然，由于编写时间仓促、编者水平有限，本系列教材可能存在不尽完善之处，期待广大读者指正。

欢迎广大读者为时尚艺术贡献才智，再创辉煌!

任绘

鲁迅美术学院染织服装艺术设计学院院长

鲁美 · 文化国际服装学院院长

2021 年 12 月于鲁迅美术学院

PREFACE 前言

随着数字化技术在服装行业内的应用、普及，数字科技渗透到了服装行业的每一个环节，包括生产设备、生产模式、产品形态等。这对于一个传统产业来说是翻天覆地的变化，对行业和从业者来说都是全新的形态塑造。

“实施科教兴国战略，强化现代化建设人才支撑。”党的二十大报告为科技创新、人才培养指明了方向，也指出了传统服装行业所面临的机遇和挑战。只有不断将传统的服饰审美标准、服装结构定义、专业语言流通模式等与现今飞速发展的数字科技整合，不断塑造传统服装行业在当下的形态，才能跟上时代发展的步伐。“完善科技创新体系”，是对服装行业未来发展的要求，也是对行业体系自身构成的描绘。

同样，这也对服装行业的从业者提出了新的要求。从业者不仅应了解服装平面制板原理，还应具有创新思维，掌握数字时代的表达语言。在传统服装产业发展过程中，从业者应兼顾“继承”与“创新”，将自己塑造成新时代的复合型人才。

“服装 CAD”课程是鲁迅美术学院服装与服饰设计学院依据新时代学科建设的总体要求设置的培养学生实际操作能力的专业基础课，是本科二年级的专业技能课。本书是一本侧重实践的专业教材。首先，全书采用功能说明与具体案例相结合的讲解方式，将服装平面制板的操作原理和服装 CAD 原理融合，有利于培养良好的操作习惯；其次，全书以服装专业学习逻辑为主线，以服装 CAD 的构成特点为辅线，循序渐进地讲解 CAD 的设定形式、构成形式及其与平面制板的同一性和差异性；最后，全书在编写过程中，多采用新颖案例，力求以新形式呈现基础结构知识，便于学生在不同流行趋势下灵活参考使用本书。

希望学生在学习本书内容后，能够多角度地理解服装 CAD 的构成语言，多维度、深层次地进行服装 CAD 的创新设计和使用。

由于编者水平有限，书中难免存在不足之处，敬请广大读者批评指正。

编者

2024 年 3 月

目录

CONTENTS

概　述

服装 CAD 是服装计算机辅助设计（Computer Aided Design）的简称，是数字化辅助设计技术在服装生产行业的应用，同时也是服装行业技术结构提升的重要基础。目前，服装结构设计主要包括打板、放码、排版及服装款式设计，由效果图、款式图、面料花型等共同组成。服装的结构组成是由现代化服装工业生产流程决定的。

服装结构设计是实现服装实物化的主要技术，它依托于人体的立体形态，以及科学的比例关系和数字，就服装款式进行服装的结构分析，进而完成制板设计。

服装 CAD 结构设计系统包括基本结构设计、号型放码和基本号型排料。服装 CAD 以具有强大运算能力的计算机为操作的基础，大大提升了服装制板环节的工作效率。随着技术的发展，其在存储板型及依据存储板型进行再设计等方面的功能加强，使服装制板环节的工作方式发生了巨大的变化。党的二十大报告提出：“以国家战略需求为导向，集聚力量进行原创性引领性科技攻关，坚决打赢关键核心技术攻坚战。”此外，服装 CAD 也是从业者在服装行业市场竞争中提升自己、获得新的利润点的主要技术支持。同时，由于放码和排料环节依赖于数字运算，因此服装 CAD 的优势更为明显。

第一章 NAC服装制板系统的设定

【本章要点】

（1）NAC服装制板系统的特点。
（2）NAC服装制板系统的设定。
（3）NAC服装制板系统的语言。

【本章引言】

通过本章的学习，学生应掌握NAC服装制板系统设定的基础理论，进而了解系统主要知识体系的构成，便于在学习过程中抓住主要知识点，深入了解系统属性、系统的设定、数字语言的定义和使用，将对三者的学习作为对NAC服装制板系统学习的坚实基础。

第一节 NAC 服装制板系统的结构特点

NAC 服装制板系统是在全球数字化技术飞速发展的基础上诞生的，是数字化技术与传统行业对接比较完备的服装制板系统。党的二十大报告提出："加快发展数字经济，促进数字经济和实体经济深度融合，打造具有国际竞争力的数字产业集群。"该系统的设定基于服装制板师的传统操作视角，包括操作习惯、服装制板技术的知识体系、操作思维逻辑等。因此，该系统既可以完成针对个人的服装私人定制，又可以融入服装工业化生产体系，完成批量服装的生产。在构成上，该系统设定符合生产流程，服装结构语言多样，图形处理运算简便；在具体操作过程中，极为人性化。NAC 服装制板系统通常也称为 NAC 打板系统。

一、系统的特点

1. 符合服装传统制板的技术语言

该系统主界面的功能区包括 7 种作图功能、34 种图形修正功能、28 种图形编辑功能。这使得平面制板的操作十分简便，尤其点功能、线功能的设定，完全基于传统制板的比例数字记录方式，用 6 种点的表达方式协同线完成绘制，除去基本的直线功能，如加长、减少、剪断功能，还在其中增设调节位置的增加点、减少点功能，也就可以作任意拼合、变形、相似、放缩等线的造型的绘制和线的属性的改变。

该系统还增设曲线库功能，该功能使制板师可以将平时经常使用的、具有代表性的曲线造型，如袖笼曲线、领围曲线等存储到曲线库中，可随时调取，且可以作任意修改，这极大地减少了制板环节重复的工作。

2. 以原型制板体系为核心操作

原型制板是服装制板在长期发展过程中演变而来的，是比较成熟、先进的服装制板技术。该系统包含日本文化式原型、登丽美式原型等基本的原型，使整体制作符合现代制板需求。同时，该系统还就原型使用上的优势特点，如款式变化功能的可操作性等，进行有针对性的功能设置，如省道的制作、转移、圆顺，以及各种褶的表达等。该系统还可自动生成原型，只需输入人体基本尺寸即可得到基本板型。

3. 丰富的制板标识、文字录入、测量功能

该系统提供了 50 多种制板记号，包括扣子、扣眼、纱向、归、拨、轮等，可以准确表达平面制板语言，方便在生产流通的不同环节进行沟通；并且尺寸标识自由，工具操作简单，对细部定位准确。另外，该系统的文字录入功能包括输入、修改和编辑功能，还可以将已录入的文字以任意大小、角度放置在任意地方。该系统还具有文字库功能，可以将常用的文字组（如工艺说明、面料说明等）登录保存，使用时可对其进行组合或局部修改，避免重复输入

文字。党的二十大报告提出："必须坚持科技是第一生产力、人才是第一资源、创新是第一动力……"同时，该系统提供了 10 余种检测功能，如标注尺寸、端点测距、多号层检查、多号层拼合检查等功能，方便在复杂制板后对数据进行核对，对结构进行反复认定。

二、系统的启动

Nac2012 服装 CAD 系统安装完成之后，就可以使用了。

方法一：

（1）单击 Windows 桌面左下角的开始菜单按钮，弹出一个菜单条（本书中的"单击""点击"和"双击"操作，若没有指明使用鼠标右键，均指使用鼠标左键"点击"或"双击"）。

（2）单击【程序】弹出菜单条，将鼠标移动到"Nac2012"的下级菜单"Nac2012"选项上。

（3）单击"Nac2012"选项，进入 Nac2012 服装 CAD 系统界面，出现系统的主画面，如图 1.1 所示。

方法二：

在 Windows 的桌面上，双击图标，进入 Nac2012 服装 CAD 系统界面，出现系统的主画面，如图 1.1 所示。

图 1.1　系统的主画面

三、系统的主画面介绍

Nac2012 服装 CAD 系统的主要功能模块包括 10 个部分：原型、打板、推板、排料、输出、输出管理、路径设定、号型设定、面料设定、单位设定。前 5 个部分属于功能部分，后 5 个部分属于软件环境设定部分。

1. 主画面菜单

在 Nac2012 服装 CAD 系统主画面的上部共有 4 个下拉式菜单栏，分别是功能、环境、查看、帮助。每个菜单下又分若干子菜单。其中功能菜单是引导菜单，最主要的是【功能 / 原型】打开原型操作系统、【功能 / 打板】打开打板操作系统、【功能 / 推板】打开推板操作系统、【功能 / 排料】打开排料操作系统、【功能 / 输出】打开输出操作系统。

下拉菜单中的功能是对操作系统的设定，是系统为了适应不同的制板思路，在制板开始之前对自身的一个调整。

（1）【环境 / 路径设定】设定系统文件的路径。

单击“路径设定”子菜单或双击（路径设定图标），弹出“路径设定”对话框。（图 1.2）

在对话框中选择文件类别，在输入框中直接填写文件的路径，或单击【…】，弹出“文件位置设定”对话框（图 1.3），然后选择文件路径，单击【确定】即可。图例所示就是将纸样文件存在 C 盘的 NAC2012 文件夹下面的 File 文件夹中。文件路径的设定方便了文件的查找和管理。不同的文件夹对应不同的功能模块，存储的文件也有不同的文件后缀，因此在学习过程中，还要了解系统的文件属性和文件构成。随着制板的不断深入，文件构成会不断加大，如出现 *.pal1、*.pal2、*.pal3 的增加等。

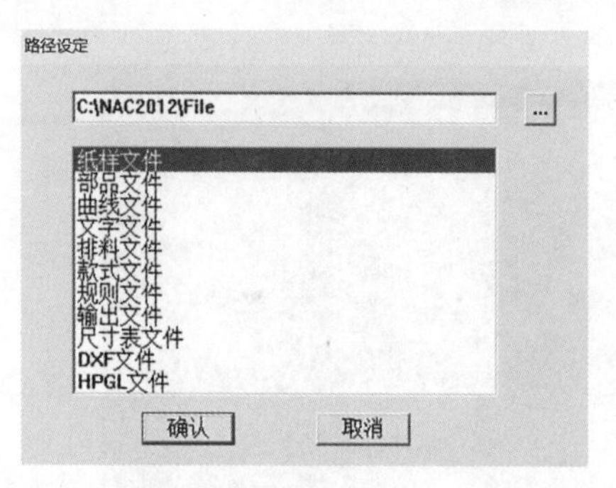

图 1.2 “路径设定”对话框

图 1.3 “文件位置设定”对话框

（2）【环境 / 号型设定】设定纸样的号型。

单击“号型设定”子菜单或双击（号型设定图标），弹出“尺寸设定”对话框。（图 1.4）制板师可以根据自己的工作习惯对 6 种号型段进行选择。一种号型段可以设置 20 种号型，号型段为红色，说明其处于工作状态，使用鼠标左键选择号型可以直接填入号型名称。如要更换号型段，可以使用鼠标右键单击新的号型段，设置为当前系统使用的号型类别。也可以在空白的号型段下，编辑新的号型段，单击对话框右下角的【保存号型文件】进行保存，方便下次使用。

尺寸设定(每号型最大20个)

颜色	号型A	号型B	号型C	号型D	号型E	号型F
	2XS	2	T0	32-34		
	XS	4	T1	36-38		
	S	6	T2	40-42		
	M	8	T3	44-46		
	L	10	T4	48-50		
	XL	12		52-54		
	2XL	14		56-58		
	3XL	16				
		18				
		20				

确认　取消　打开号型文件　保存号型文件

操作提示：右键选择当前系统使用的尺寸类型

图 1.4 “尺寸设定”对话框

在每个号型内可以自由设定制板的线条颜色。使用鼠标单击号型前面的颜色块，就会看到颜色选择框。(图 1.5）选择颜色后，在相应的图层中进行制板，线条就会呈现设定的颜色。不同的层可以设定不同的颜色线条。若单击【Customize】功能键，则显示颜色设置调色板(图 1.6)，可以进一步对颜色作调整。

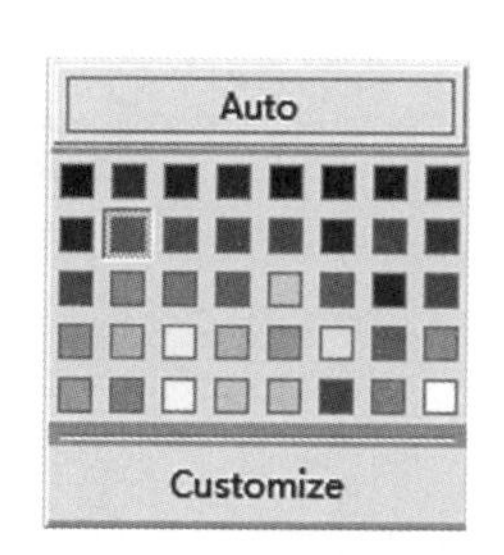

图 1.5　颜色选择框

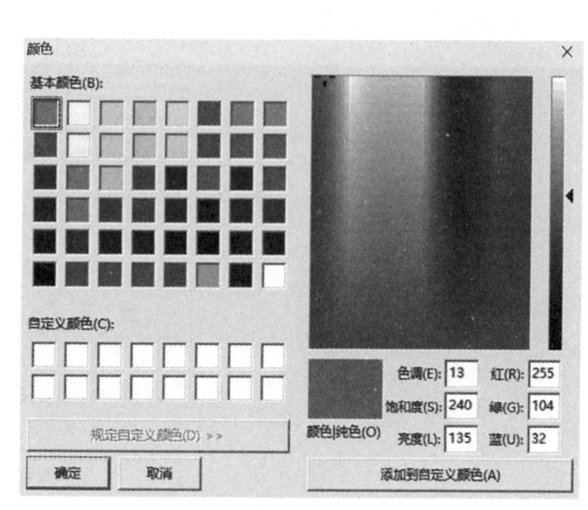

图 1.6　颜色设置调色板

在制板前对号型、当前工作层、工作层线条的设定，在开始制板后，都会显现在操作文件中。如果在操作过程中，要对以上项目进行更改，只有再次新建操作文件，“号型设定”的标识才能出现，即号型设定功能只能通过新建文件进行更改。如果在操作过程中进行更改，就不能终止文件，只能通过其他方式实现，如更改线条颜色。

(3)【环境 / 单位设定】设定制板使用的尺寸单位。

单击“单位设定”子菜单或双击 （单位设定图标），会弹出“单位设定”对话框。(图 1.7）系统提供 4 种单位：“mm”“cm”“市寸”“英寸”。如选择“英寸”还可以选择两种进制（十进制、八进制）。

（4）【主画面 / 面料设定】设定各号型纸样的面料。

单击“面料设定”子菜单或双击 ▣（面料设定图标），弹出“面料设定”对话框。（图 1.8）一个文件中可以同时包括 10 种不同的面料，每种面料的颜色可以自由设定。面料 1、面料 2、面料 3……面料 10 与排料中的面料相对应。

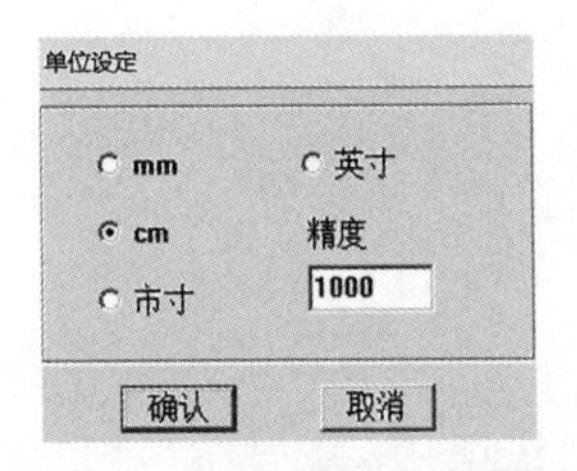

图 1.7 “单位设定”对话框

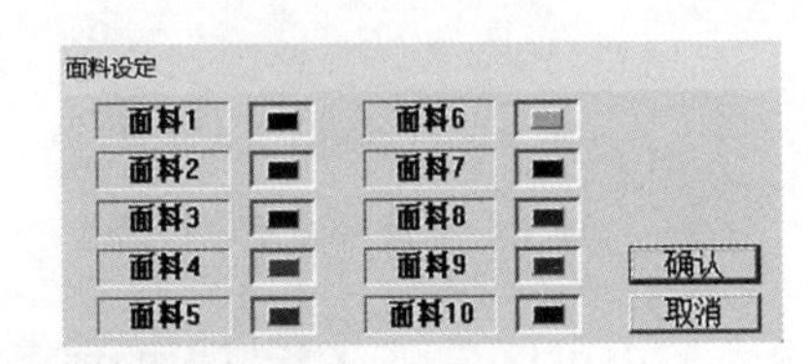

图 1.8 “面料设定”对话框

（5）【环境 /Language Setup】设定操作系统的语言环境。

单击“Language Setup”子菜单，弹出“语言环境设定”对话框。（图 1.9）直接选择某种语言，然后单击【OK】即可。

图 1.9 “语言环境设定”对话框

2. 工具栏

工具栏有 7 个工具（图 1.10），它们与主画面的图标相对应，是进入不同设定界面的另一种途径。

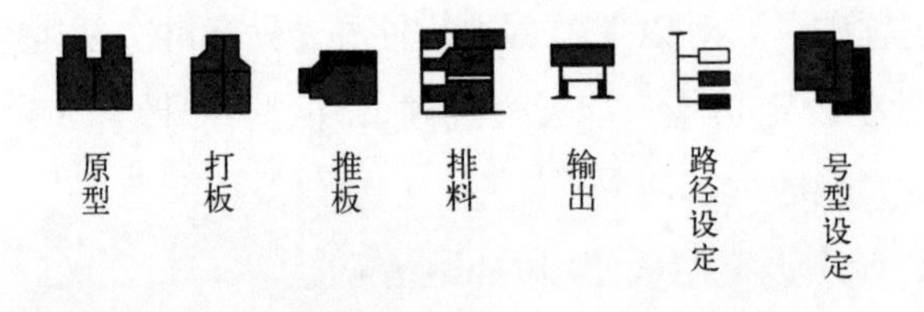

图 1.10 主画面快捷图标

第二节　打板系统的基本构成

在 NAC 服装制板系统的主画面上，双击“打板”图标，可进入打板系统窗口。（图 1.11）

一、打板系统窗口布局

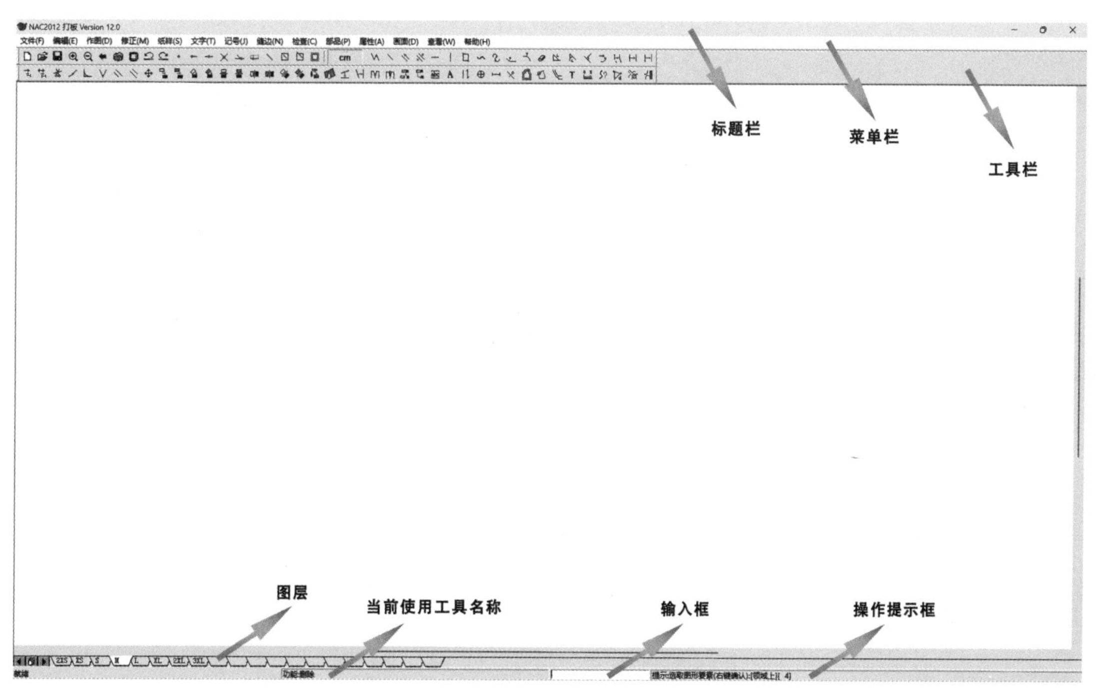

图 1.11　打板系统窗口

（1）标题栏：位于应用程序和文件窗口的顶部，显示当前工作区的应用程序名称和所作图形、图像文件的名称。如果未给文件命名，系统将采用默认形式命名。

（2）菜单栏：位于标题栏下面的 14 个下拉菜单，菜单栏是系统的全部功能设定模块，在操作过程中的对应设定都可以在下拉菜单及子菜单中搜索到。

（3）功能名称；显示当前所用工具的名称。

（4）操作提示框：显示当前使用工具的完成状态及接下来的操作步骤和方法。在制板过程中，应该养成随时关注提示框软件运行状态的习惯。

（5）输入框：在操作过程中，可依据制板尺寸输入所需要的数据、比例、文字。同时，应注意对输入法的选择。

（6）工具栏：该工具栏将制板使用频率较高的工具以图标按钮的形式列出，包括工具条、符号条、纸样工具条等。使用鼠标单击相应的图标按钮，可以立刻切换到该工具的使用状态。在菜单栏上，通过“查看”菜单，可以对工具条内的内容进行显示与隐藏的切换。

（7）画面工具条：画面工具条如图 1.12 所示。

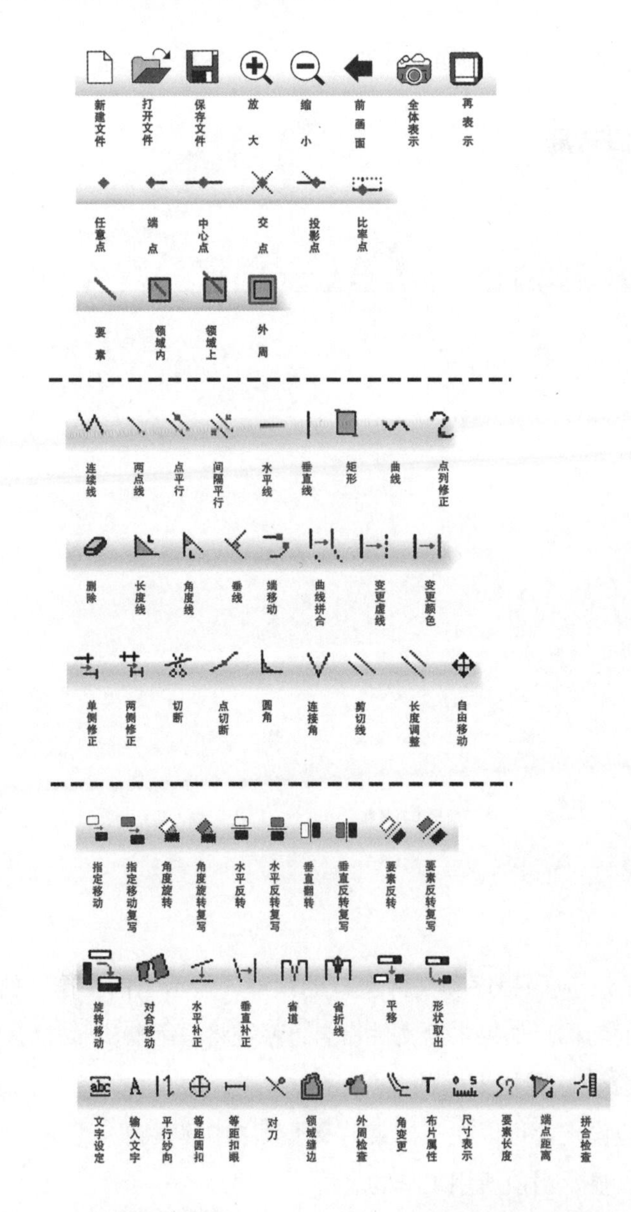

图 1.12　画面工具条

二、系统基本用语

NAC 服装打板系统依据服装制板师的制板思路，将传统手工制板的逻辑表达方式，模拟转换成数字语言的基本用语，并配合光标的变化，形成 NAC 服装打板系统基本用语。NAC 服装打板系统使用的基本用语及光标含义见图 1.13。

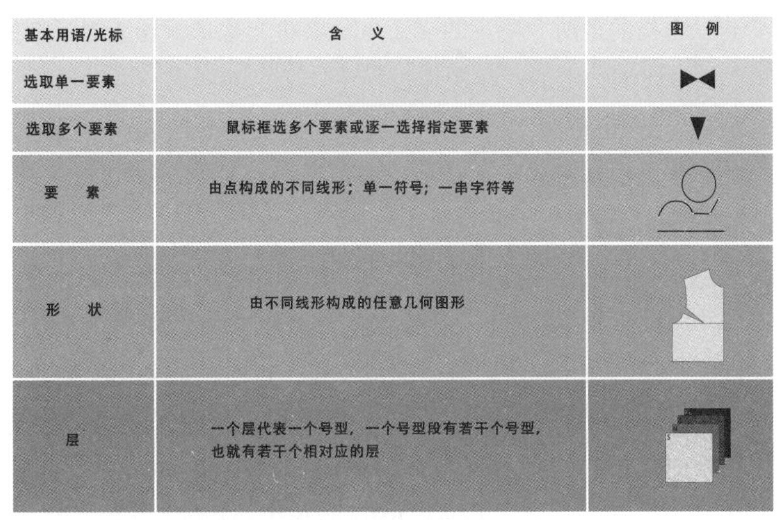

基本用语/光标	含　义	图　例
选取单一要素		
选取多个要素	鼠标框选多个要素或逐一选择指定要素	
要　素	由点构成的不同线形；单一符号；一串字符等	
形　状	由不同线形构成的任意几何图形	
层	一个层代表一个号型，一个号型段有若干个号型，也就有若干个相对应的层	

图 1.13　NAC 服装打板系统使用的基本用语及光标含义

1. 点的概念

“点”在服装制板过程中的作用，表现在可以使服装结构对立体的人体进行准确的定点表达，也是建立准确服装结构框架时对数值的限定。（图 1.14）NAC 服装制板系统同样对“点”在数字模式下的概念进行了定义和划分。这个“点”包括 6 种模式，分别是任意点、端点、中心点、交点、投影点、比率点。点的设定，是数字模式下对服装结构基于图形角度的性能开发，主要建立在对线的形态、数值表达、服装结构比例关系等性能的设定上。

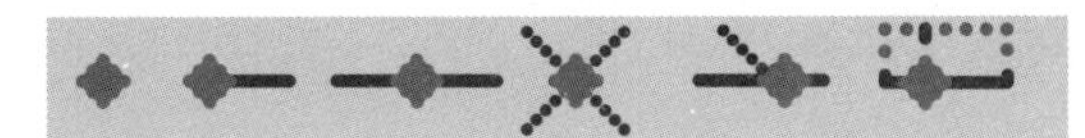

图 1.14　点的概念

【任意点、投影点】

（1）任意点：它是点的常规形态，可以帮助我们捕捉光标位置。任意点的滑动，用来指示系统处于工作状态，有时也是对一个功能命令操作完毕的指示。

【端点】

（2）端点：打板系统对点的设定建立在坐标系的基础之上。因此，无论对新的要素的建立，还是对图形构建过程中各要素相互关系的构建，都是首先识别该元素的端点，也可以理解为零刻度的起点，从该处开始计算出指定尺寸的位置点。在操作过程中，鼠标靠近要素哪一个方向的端点，系统就会识别该端点并以此为起始点进行计算。因此，在操作过程中，制板师应首先确定端点。在正常状态下，一般工具在执行任务之前，默认为识别端点。

【中心点】

（3）中心点：该功能是基于服装平面制板中，以指定长度中间位置为参考点的制图方式设定的。在操作系统中，单击该工具按钮，鼠标就会自动识别指定要素的中间位置，也就是中心点。

（4）交点 ：它指的是两个要素的交叉点。该功能是基于复杂制板中经常出现多个要素发生交互关系的情况而设定的。在操作过程中，交点的形成，虽然是两个或多个要素交叉的结果，但对这个交点的捕捉，也说明该交点是新的要素的起点。另外，在确定新要素的位置点时，首先要确定新要素落在构成交点的哪一个要素上，然后单击这个构成要素，就能准确找到新要素的位置点。

（5）投影点 ：制板系统在默认状态下自动识别端点，如果给定数值，那么系统会在识别端点后，计算出数值的位置点。另外，在任意点状态下，单击一个指定要素，就会在模糊状态下与指定要素重合，但实际没有形成交点。这时，如果切换到投影点，再次单击指定要素，就会准确地与指定要素相交。也就是说，投影点能确保单击的点准确地与指定要素重合。

（6）比率点 ：该功能是基于平面制板中，使用比例定式进行制图的方法而设定的。切换到该功能时，可以在输入框中输入表达比例的数值，即可以输入单位 1 状态下的等比小数。

2. 要素的选取

“要素”是 NAC 服装打板系统里对由点构成的线形、一串字符、单一符号等的定义。（图 1.15）其中最主要的形态是对不同线形的表达，正如它的图标设定 。相对于“点”，“要素”在图形构成上是更加直观的基础单位，通常鼠标单击或者框选都能够完成对它的选取。在复杂的制图过程中，针对图形的构成特点，为了更好地对要素进行选取、编辑图形，系统还设定了 3 种选择模式。

图 1.15　要素的选取

【交点】

【要素、领域内、领域上与外周】

（1）领域内 ：单击该图形按钮后，通过拖拽鼠标对角两点形成矩形的选择区域，在构成所选图形的要素中，只要其本身全部在选区内，就会被选取上；而只有一部分在选区内的要素，不会被选取上。[图 1.16（a）]

（2）领域上 ：单击该图形按钮后，通过拖拽鼠标对角两点形成矩形的选择区域，构成图形的要素只要有一部分在选区内，就会被选取上。[图 1.16（b）]

（3）外周 ：单击该图形按钮后，通过拖拽鼠标对角两点形成矩形的选择区域，如果图形是完整的闭合图形，且全部在选区内，就会被选取上。[图 1.16（c）]

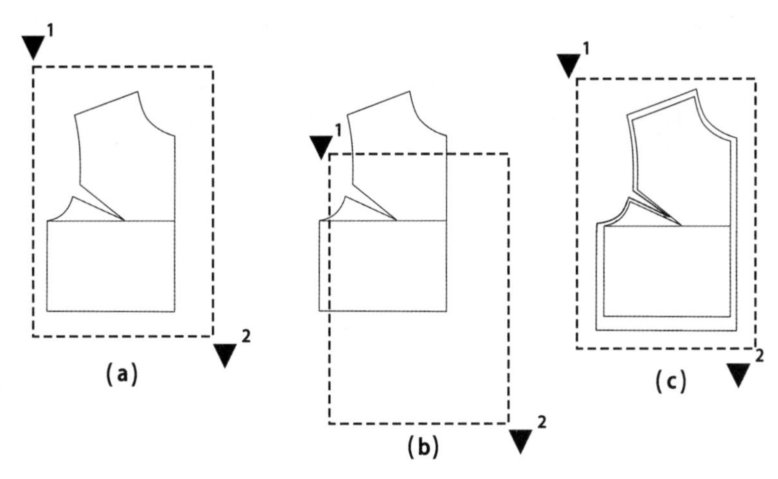

图 1.16 要素选取模式

三、系统文件的建立

（1）新建文件 ：新建文件是开始新的 CAD 制板时，首先应该进行的操作。在开始这个操作后，之前在系统主画面对号型、操作图层、线条颜色及文件存放位置的设定，在当前文件下都开始执行了。

（2）打开文件 ：单击【打开文件】图形按钮，会弹出“打开文件”提示框。(图 1.17) 因此，应根据需要，在打开新文件之前，将正在操作的文件保存，防止打开新文件后丢失原内容。在单击【确定】按钮后，就会弹出“打开文件”对话框(图 1.18)，之前在 CAD 主画面文件设定中的文件就会出现在对话框中。随着制板工作的不断展开，之后的工作文件也会默认存放在这里，在下次打开时，都能在这里找到对应的文件。该系统专有文件格式为 *.pal 格式。

（3）保存文件 ：对于已经保存的文件，在进行操作后，单击【保存文件】按钮，会弹出“保存文件”提示框（图 1.19），需要进行确认。如果是新文件，单击【保存文件】按钮，会弹出“保存文件”对话框(图 1.20)，以“另存为”的形式保存，需要就“保存位置”等相关信息进行设置。最后单击【保存】按钮，完成操作。

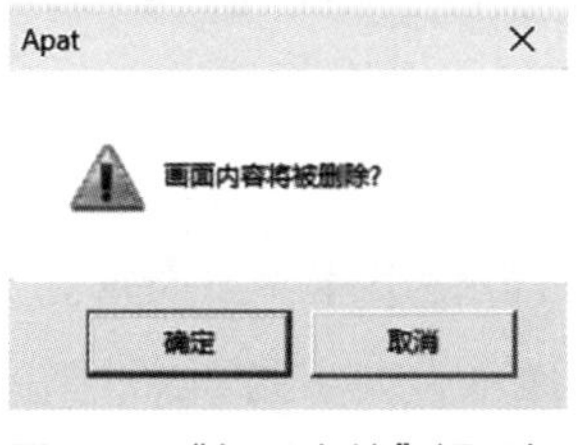

图 1.17 “打开文件”提示框

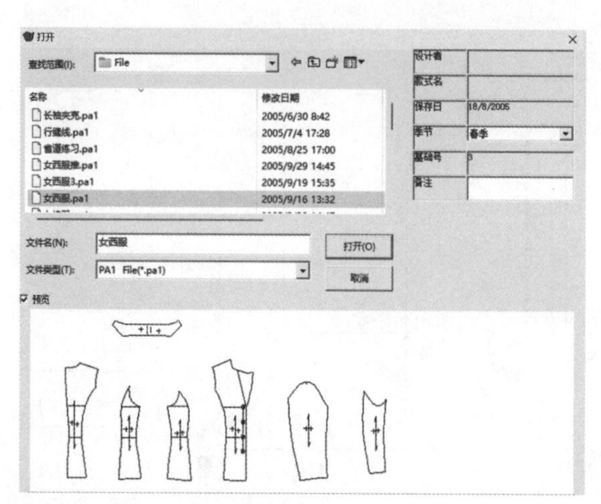

图 1.18 “打开文件”对话框

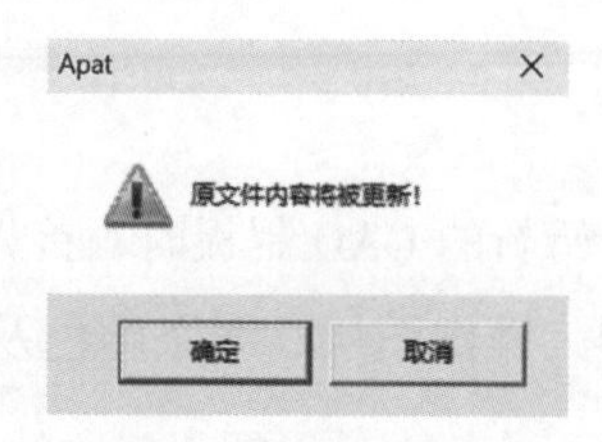

图 1.19 “保存文件”提示框

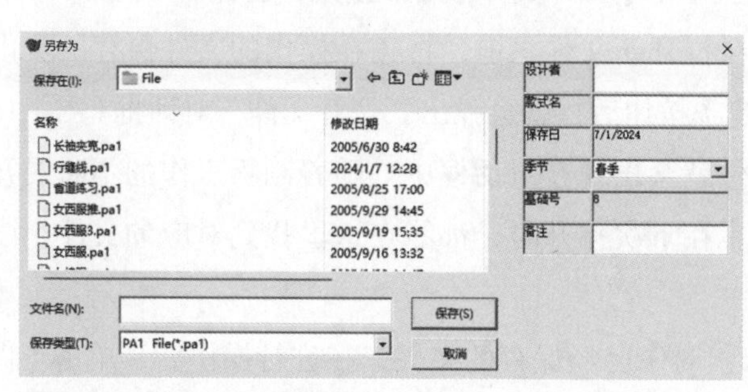

图 1.20 “保存文件”对话框

（4）放大 ：框选需要放大的要素，选框拖动的大小，决定了放大的倍数。

（5）缩小 ：缩小是将界面整体要素按比例缩小。每单击一次该命令，整体会同时缩小一次。持续单击，则持续缩小。对单独要素的缩小，可以选取“任意放缩”或“两点放缩”。

（6）前画面 ：单击该命令可以使整体界面恢复到上一步的画面，再次单击，则恢复到当前画面。这一命令可以使前画面和上一步画面来回切换，而不是撤销上一步的操作。

（7）全体表示 ：单击该命令，界面中所有的图形、要素、文字都会出现在画面中，这是基于屏幕进行整体制板结构观察的命令，对操作纠错、画面布局等都非常适用。

（8）再表示 ：再表示是刷新操作的辅助命令，在进行多步骤复杂操作后，单击该命令能够辅助完成最后的运算。

思考与实践

（1）NAC 服装制板系统号型、线条颜色的设定。

（2）NAC 服装制板系统“点”的概念（点的操作特点）的学习。

CHAPTER TWO

第二章 打板系统常用工具介绍

【本章要点】

（1）线型工具的使用。

（2）移动工具的使用。

（3）文字及符号设定。

【本章引言】

本章介绍在服装制板过程中高频使用的工具。学习这些工具，要以服装平面制板原理为基础，了解工具的性能、使用方法，并能相互衔接使用。这部分的学习既是NAC打板系统学习的基础，又是操作使用学习的重点。

党的二十大报告提出：“深化科技体制改革，深化科技评价改革，加大多元化科技投入，加强知识产权法治保障，形成支持全面创新的基础制度。”NAC 打板系统的常用工具栏位于操作界面的正上方，这个常用工具栏是依据工具在平面制板中的使用频率而设定的，目的是使制板师能够更快捷地找到自己经常使用的工具，减少重复劳动，缩短制板时间，提高工作效率。从常用工具栏的设定内容上看，它分为常规画面工具、常规纸样工具、文字符号工具等区域，包括制板所需的基本工具。因此，对常用工具功能的学习，是 NAC 打板系统学习的主要内容。注意，可以依据个人制板习惯，通过拖拽鼠标改变常用工具按钮的位置；或者，通过“查看”下拉菜单关闭该部分，单击相应部分前面的“√”即可。

第一节　常规画面工具

（1）连续线：作出连续线，可用来画款式图等。

操作：单击画面，以此拖拽出需要的长度，不断单击，形成连续线点列，单击鼠标右键结束命令。该功能是由具有两个端点的直线首尾相接形成，不能添加点进行修改，但是可以使用点列修正工具将线型打断，取出其中的直线。该功能相对于曲线而言，是图形编辑的基本功能。（图 2.1）

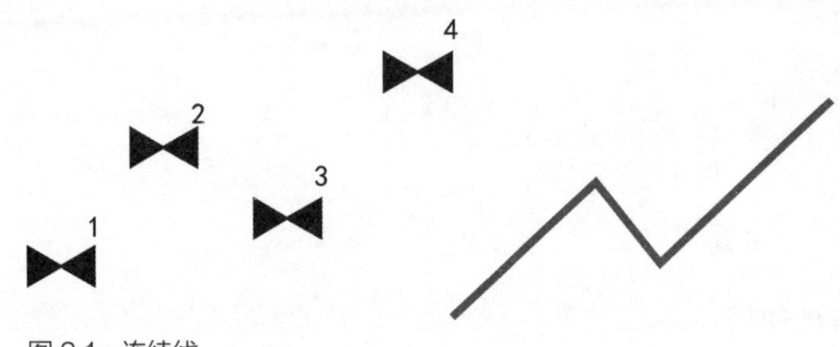

图 2.1　连续线

【两点线、连续线】

（2）两点线：用来作任意方向的直线。

操作：该工具有两种操作，一是任意长度、任意方向画直线，单击画面确定直线的一个端点，以此拖拽出需要的长度和方向，再次单击画面确定直线的另一个端点，完成直线，单击右键结束命令。二是给定长度和坐标，也就是给定方向画直线。在画面中单击任意点，在输入框中输入方向和数值，*X* 代表横坐标，*Y* 代表纵坐标，再输入数值，按【Enter】键完成操作。在实际操作中可以分别输入“*X*15”“*Y*-15”“*X*15，*Y*-15”3 种数值进行比对，其中最后一组为斜向直线。

【点平行、间隔平行】

（3）点平行：以一指定位置点为参照，包括端点、交点、比率点、投影点，作一指定直线的平行线。

操作：首先单击被平行要素，然后指示平行线的参照点。（图 2.2）

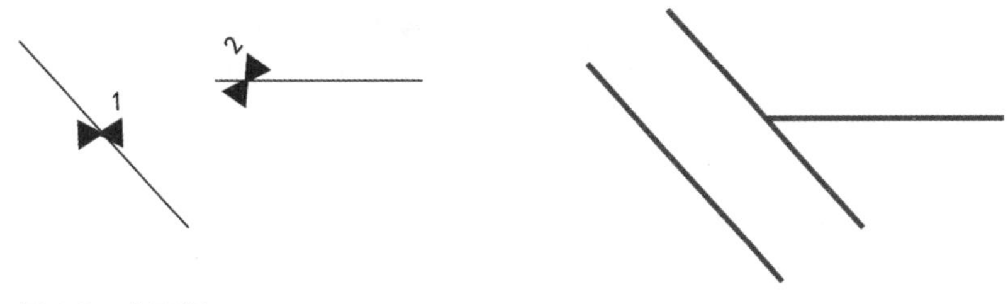

图 2.2　点平行

（4）间隔平行 ：用来作指定数值的要素平行。

操作：首先指示被平行要素，然后指示平行侧（任意点），在输入框中输入指定的间隔量，按【Enter】键操作完毕。如果继续使用该命令，不输入新数值，则按第一次输入的数值重复作平行线。（图 2.3）

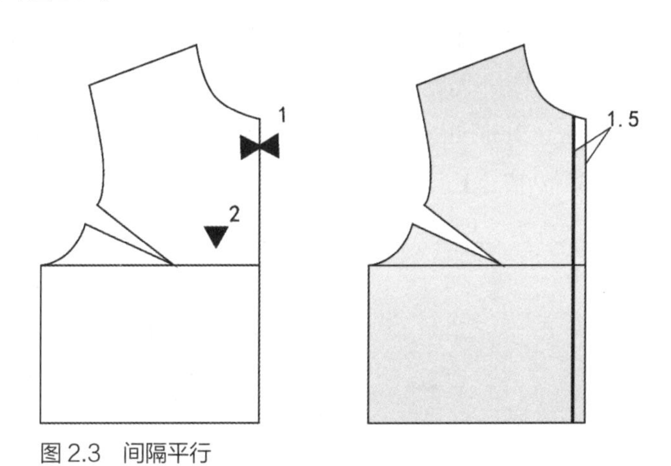

图 2.3　间隔平行

（5）水平线 ：用来绘制任意长度或给定数值的水平线。

【水平线、垂直线】

操作：首先在画面中任意位置单击，确定水平线的起点，然后通过拖拽鼠标拉出任意长度后单击【结束】即可。无论鼠标拖拽的角度有多大，最终绘制的都是水平线，这是和两点线的区别。另外，还可以给定数值，作定数水平线。（图 2.4）首先切换到水平线按钮，在输入框中输入任意数值，这里输入“18”，单击竖线偏上部的任意位置，鼠标会识别竖线 18cm 的位置，将其作为水平线的起点。然后在输入框中输入“-20”，按【Enter】键，画出从竖线 18cm 处向左长度为 20cm 的水平线。由于给定位置点，以该点为坐标原点，左侧为负值，右侧为正值，因此该案例中输入的是“-20”。其他案例也同此理，后文不再赘述。

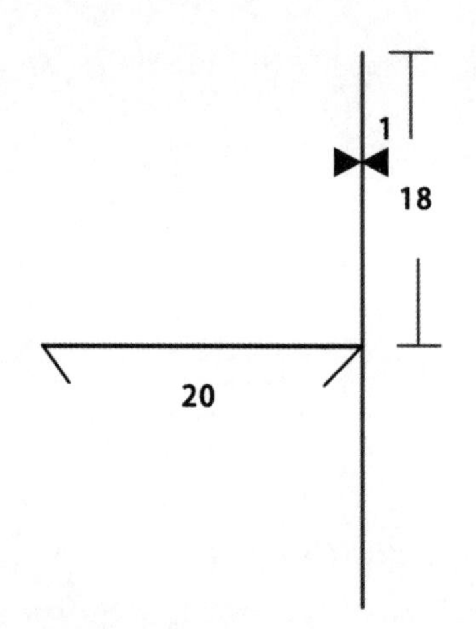

图 2.4　水平线

（6）垂直线 ：用来绘制任意长度或给定数值的垂直线。

操作：首先在画面中任意位置单击，确定垂直线的起点，然后通过拖拽鼠标拉出任意长度后单击【结束】操作。无论鼠标拖拽的斜度有多大，最终绘制的都是垂直线。假设从前颈点沿领口线向上 3cm 处向腰围线作垂线（图 2.5），则应先切换到垂直线按钮，在输入框中输入“3”，按【Enter】键，单击前领口线，然后单击腰围线，画出垂直线。

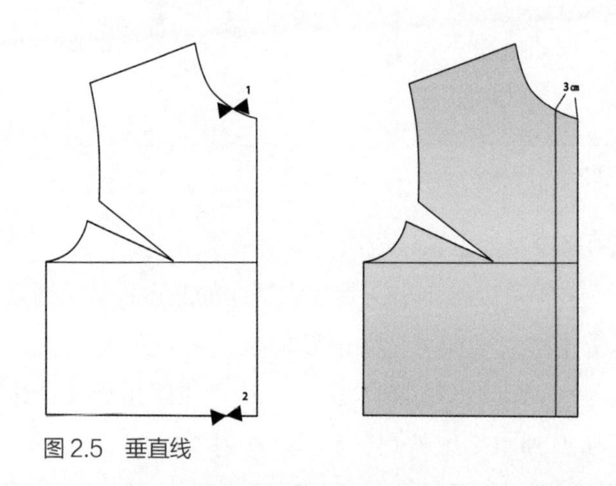

图 2.5　垂直线

（7）矩形 ：用来作任意矩形。

操作：在画面中任意位置单击，确定矩形的绘制位置，可任意拖拽出矩形框，再次单击【结束】命令。或者，在画面中单击，确定矩形的绘制位置，然后在输入框中输入 X、Y 值，按【Enter】键，作指定数值的矩形。这时的 X、Y 值是矩形的长和宽，X、Y 的正负值决定以初始位置点为坐标，矩形绘制的位置，如 X15，Y20。（图 2.6）

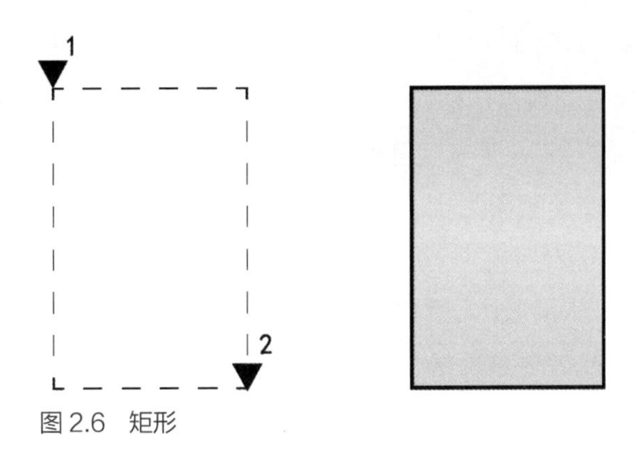

图 2.6　矩形

（8）曲线 ：用来绘制自由曲线，可以完成袖笼曲线、袖山曲线、分割线等。

操作：在画面中任意位置单击，根据前后两点间的坐标位置确定曲线的走势和曲度。依据曲线大致的造型，确定衔接和转折的点数，点数一般为 3 ～ 15 点。不断单击操作界面，完成曲线的绘制，单击鼠标右键结束命令。（图 2.7）

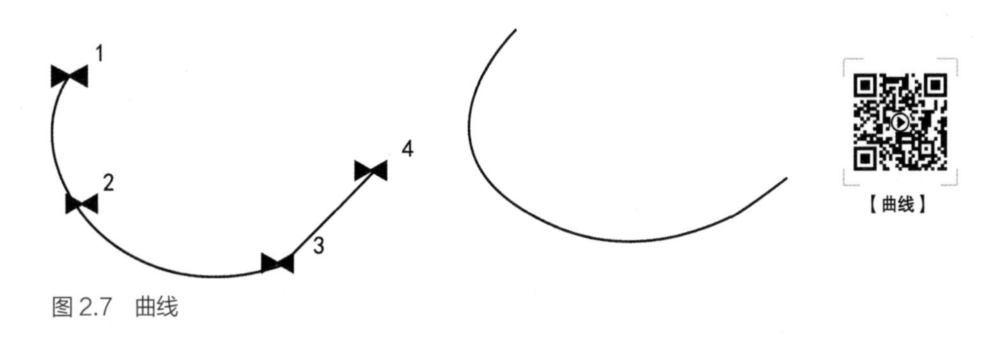

图 2.7　曲线

（9）点列修正 ：修改构成曲线的点的位置，进而改变两个点之间的线的造型，完成整体曲线的造型调整。

操作：首先单击要修正的曲线，曲线上会出现所有构成的点，单击要修改的点，然后拖拽曲线到合适的位置，单击鼠标右键结束命令。（图 2.8）

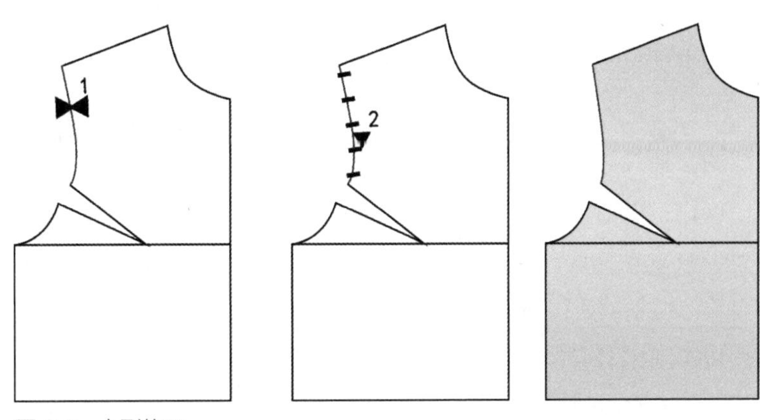

图 2.8　点列修正

（10）删除 ：框选要删除的要素，范围可以设定为领域上、领域内、外周。

操作：按住鼠标左键拖拽出选框，框选要删除的要素，单击鼠标右键完成操作。

（11）长度线 ：用来绘制从某一点起到一指定要素的定长连线，如袖山斜线、小肩斜线等。

操作：设定以基本袖子制图为准，首先切换到长度线按钮，第一步单击袖山高点，第二步指示投影要素（即需要绘制到的指定要素），第三步在输入框中输入长度线的数值，这里的袖山斜线设定为21.5cm，输入后按【Enter】键完成绘制。（图2.9）如出现长度线绘制后的投影点落在要素内或者要素外的情况，都可以使用连接角工具进行造型上的完善。连接角工具后文会有介绍。

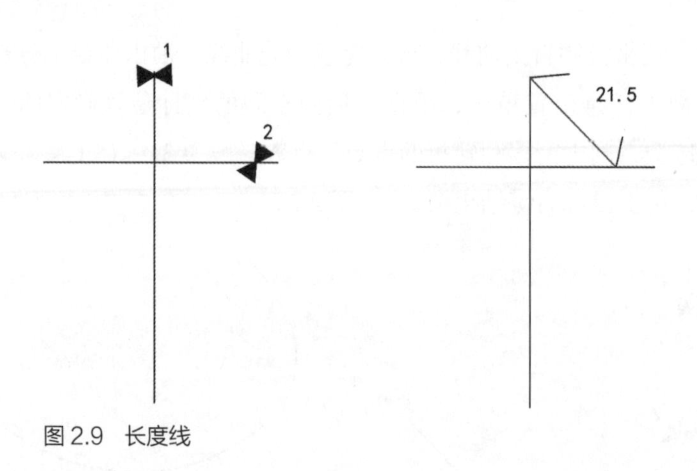

图2.9 长度线

（12）角度线 ：用来作一指定角的任意角度和长度的角分线。

操作：作一直角的角分线，设定角度为45°，直线为20cm。首先，单击基准要素，这里以构成直角的竖向直线为基准线。然后在输入框中输入角分线的长度“20”，按【Enter】键。指示角度线通过的点，默认是端点，单击直角的横向直线，并单击构成角。在输入框中输入角度“45”，按【Enter】键，完成角度线绘制。（图2.10）

这里需要注意的是，前期基准要素的设定不同，角度线通过的点的设定不同，都可以改变角分线的位置，这也为我们提供了多角度深入练习该功能的可行性。这里可以作两条直线的交叉处理，再分别从交叉点作不同角度、方向、长度的角度线进行练习。

【长度、垂线与比率点】

（13）垂线 ：用来作指定要素上某一位置点的定数垂线，如用来做袖山曲线的参照线等。

【角度线】

操作：以袖山曲线的参照线为例，作袖山的垂直线。切换到垂线按钮，第一步单击被垂直要素，并单击袖山斜线上方；第二步在输入框中输入垂线的长度，这里输入1.8，按【Enter】键；第三步指示要通过的点，单击比率点，将命令从端点切换到比率点，输入“0.25”，并再次单击袖山斜线上方；第四步在垂线延伸方向的任意空白处单击，确定垂线的延伸方向，完成垂线的绘制。（图2.11）

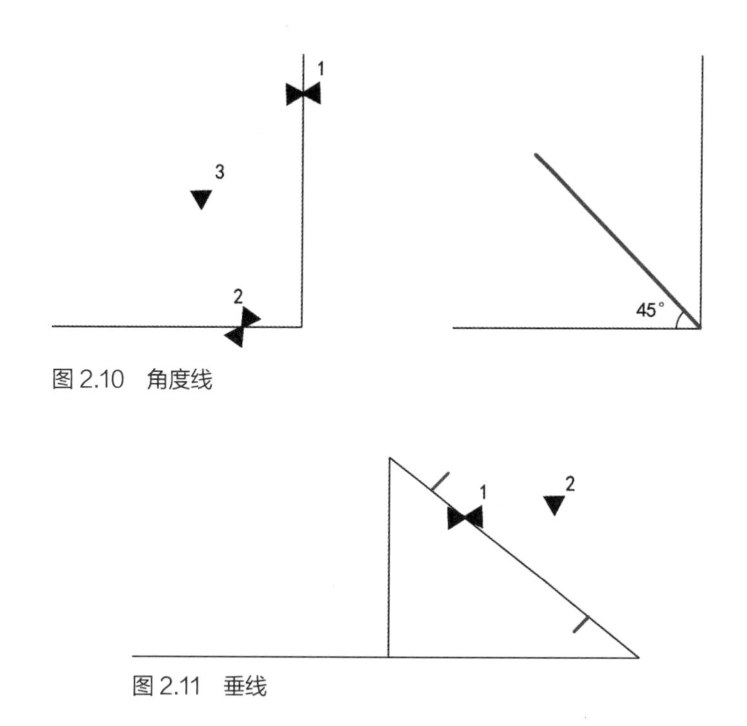

图 2.10　角度线

图 2.11　垂线

（14）端移动 ：用于将指示要素的端点移动到新端点，新要素与原要素相似，如用于调整袖笼、领口弧线等。

操作：在这里我们以缩小袖笼为例，首先在胸省省尖画一条两点线，将胸省分为两部分。接下来切换到端移动命令，先单击袖笼弧线靠近胸省的一端，确定要移动的要素；然后单击鼠标右键，切换下一步命令；最后单击新做的角分线，指示新端点，将袖笼弧线段移动到角分线端点，端移动完成。（图 2.12）

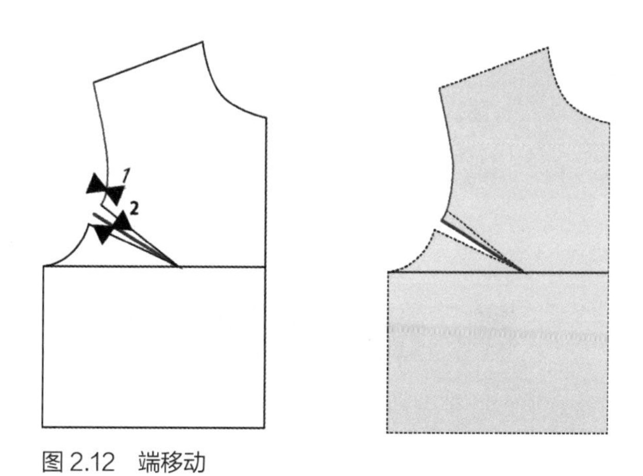

图 2.12　端移动

（15）曲线拼合 ：将任意多条要素拼合成一个完整的要素，通过输入实际的点数来决定拼合后要素的造型。通常，点数多，则平滑；点数少，则要素起伏大。在制板过程中，对相关多条曲线进行完整修复，多采用该命令。（图 2.13）

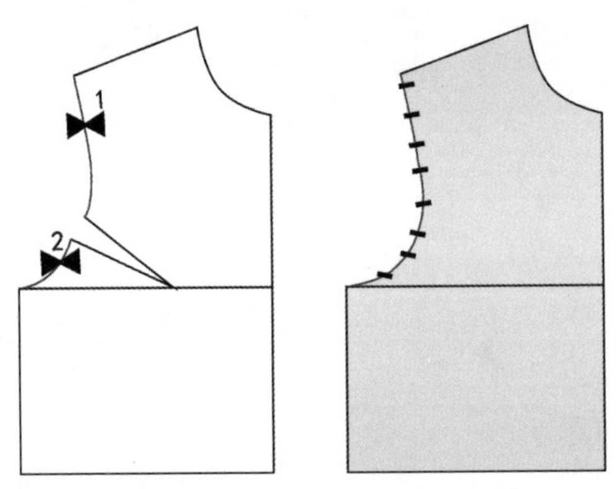

图 2.13 曲线拼合

（16）变更颜色 ：在制板过程中，改变已画好线型的颜色。（图 2.14）

操作：将袖笼省省线变成红色。首先切换到变更颜色命令，框选袖笼省省线，选中后省线变成蓝色，单击鼠标右键，弹出“选择颜色”对话框（图 2.15），然后选择红色，单击【确定】完成颜色变更。使用该命令的时候，框选要素可以依次框选，也可以一次选取。

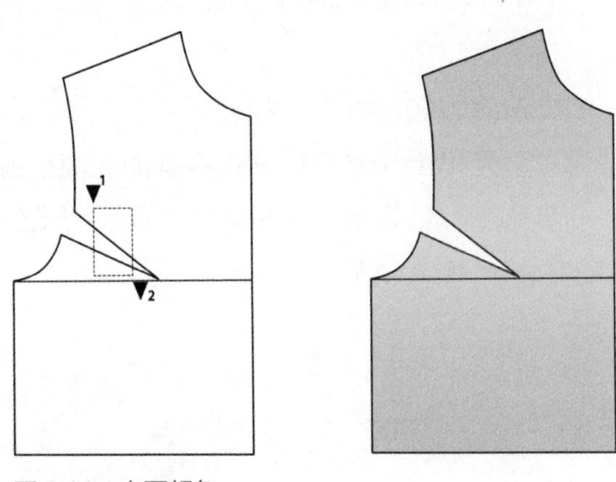

图 2.14 变更颜色

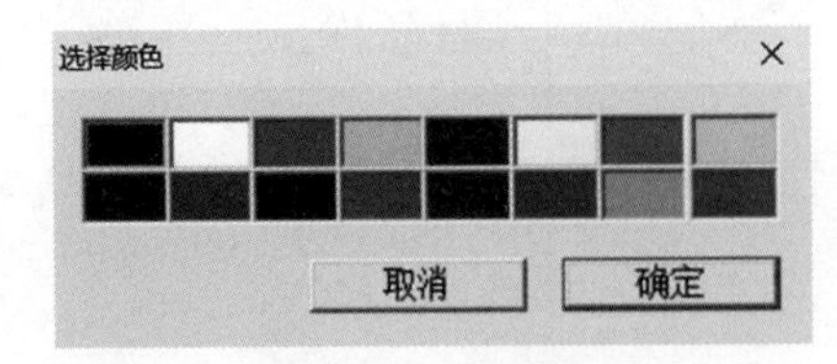

图 2.15 “选择颜色”对话框

（17）变更为虚线 ：在制板过程中，将画好的线型变更为虚线。（图 2.16）

操作：将胸围线变更为虚线。点选变更为虚线命令，框选胸围线，选中的胸围线变成蓝色，单击鼠标右键，胸围线变成虚线，完成操作。

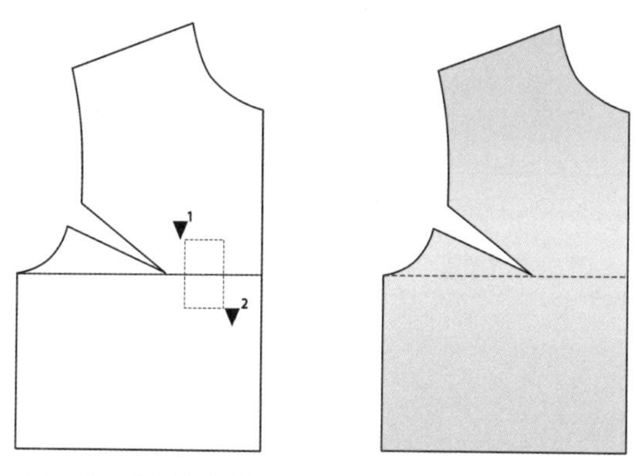

图 2.16　变更为虚线

（18）单侧修正 ：这是一种切断工具，主要是在制板过程中，将指定要素多出的部分，使用与其相交的要素进行切断、删除。

操作：将胸围线多出的部分删除。单击单侧修正命令，首先单击切断要素，这里是前中心线与胸围线相切，因此首先单击前中心线。然后，将命令切换到要求指示被切断要素，这时框选胸围线在前中心多出的部分，选中后要素呈蓝色，单击鼠标右键，删除多余要素，完成操作。这个命令在第二步，指示被切断要素时是框选的状态，也就是说在相同切断线下，可以多选数条多出的要素，同时将其删掉。（图 2.17）

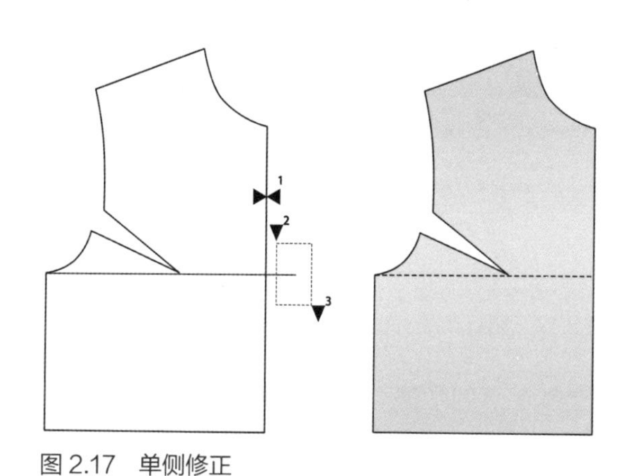

图 2.17　单侧修正

（19）两侧修正 ：指定两条切断要素，将它们之间的部分保留，将其他部分切断、删除。

【单侧修正、两侧修正】

操作：指示 2 条切断线，删除切断线以外的部分。首先单击修正命令，由于现在是要将案例中两条红色的要素切断，因此先要设定两条切断线，这里分别单击两条竖向的黑色要素，作为切断线。然后，命令要求框选所有被切断要素，拖动鼠标对角两点，框选所有红色要素后，单击鼠标右键，删除两条切断线两侧的部分，完成操作。这里的框选被切断要素，同样可以依次选择数个要素。（图 2.18）

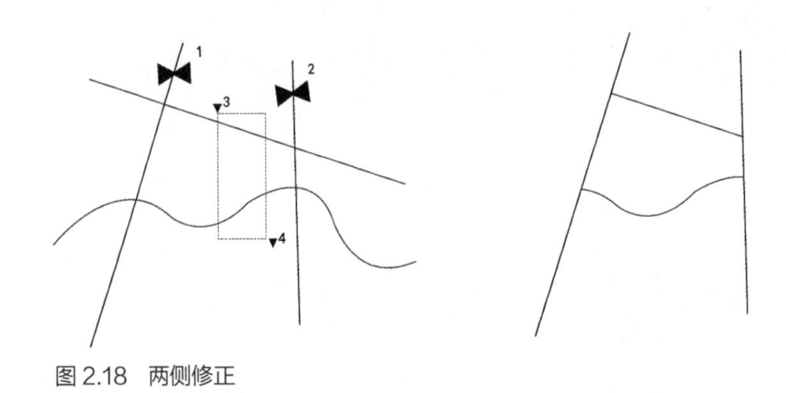

图 2.18　两侧修正

（20）切断 ：对于相交的两条要素，使用其中一条，切断另外一条。

操作：指示袖笼省省线切断胸围线。首先单击切断命令，指示被切断要素，这里单击胸围线，然后单击鼠标右键，进入下一条指令，即指示切断要素。这里的切断要素是袖笼省省线，单击袖笼省省线，然后单击右键完成操作。从图 2.19 中可以看到，胸围线被切断为两个要素，即红色要素和绿色要素。

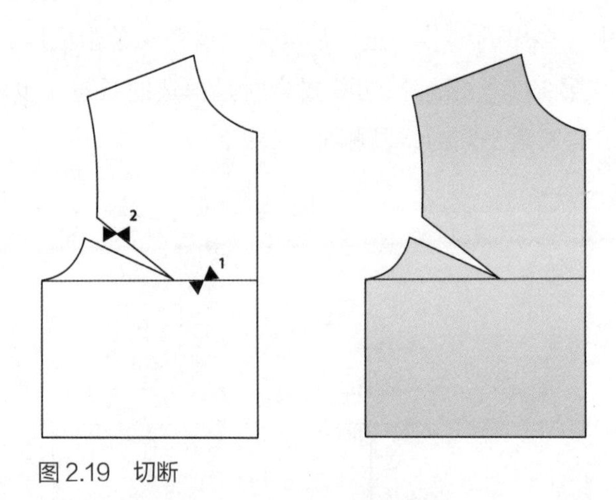

图 2.19　切断

（21）点切断 ：完全基于点的形态，改变要素形态。（图 2.20）

操作：范例（a）为利用要素的端点，切断指定要素。单击点切断命令，首先指示被切断要素，这里选择领口线作为被切断要素进行单击。然后，命令要求指示切断要素，并且提示目前为端点切断，这里单击与领口线相切的小斜线，把它作为切断线。最后，单击鼠标右键，完成切断。这时，可以看到范例（a）领口以切线端点为界，分成上、下两段。

范例（b）为切换点的类型，进行点切断。单击点切断命令，首先指示被切断要素，这里同样选择领口线作为被切断要素进行单击。然后，命令要求指示被切断要素，这时系统默认为端点，这里单击投影点命令，切换到投影点，接着在领口线的任意位置选择一个位置点，单击切断。最后，单击鼠标右键，完成操作。

【切断、点切断】

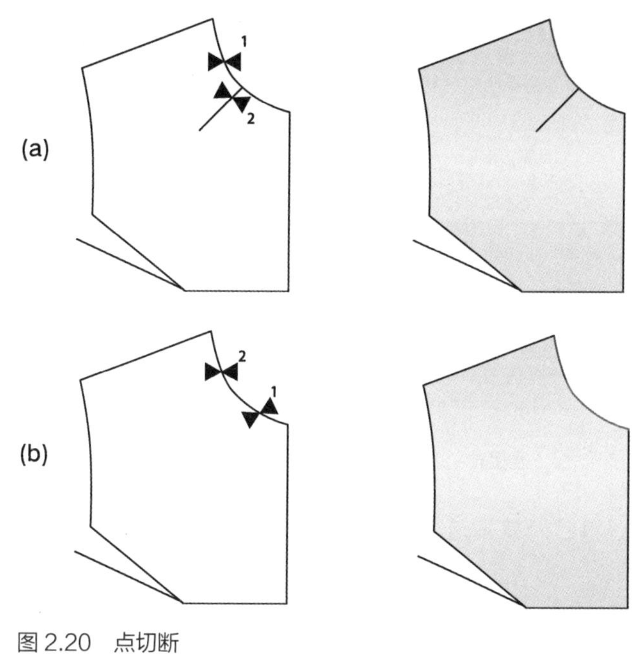

图 2.20 点切断

（22）圆角 ：将已构成的角作圆顺处理。设定的圆心与角之间的距离，决定角的弧度。距离越近，弧度越小；距离越远，弧度越大。此工具常用来作底摆和口袋等处的圆角处理。

操作：将前中心与腰围线构成的角处理成圆角。切换到圆角命令，首先指示构成角的两条线，这里分别单击前中心线和腰围线，然后指示圆心，根据制板需要，在圆角内部任意空白处单击，完成圆角的操作。（图 2.21）

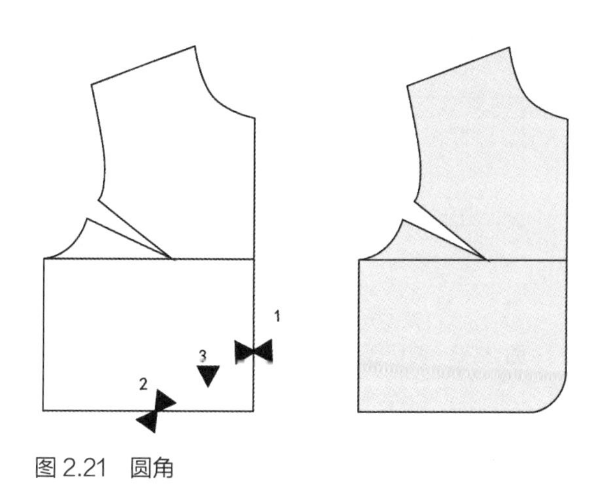

图 2.21 圆角

（23）连接角 ：将两个分离的要素连接到一起，可用于图形外轮廓的封闭。

【端移动、连接角】

操作：指示构成角的两条要素，可以分别进行框选，也可以如范例图示，同时框选两个要素，选中后单击鼠标右键，完成操作。（图 2.22）

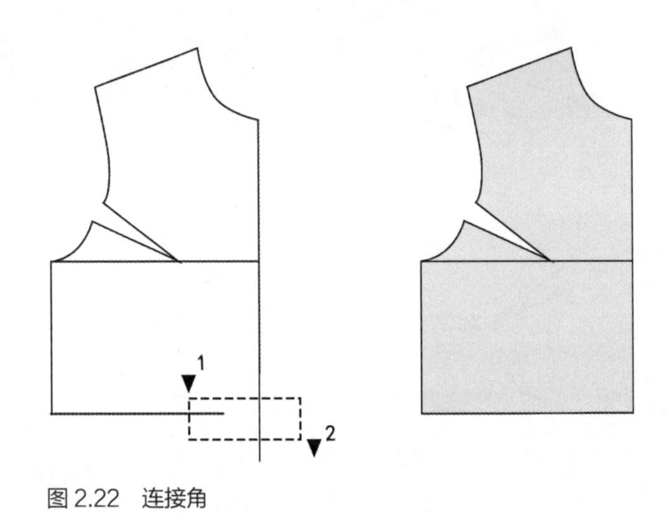

图 2.22　连接角

（24）剪切线 ：对已知要素进行定量修改。操作要点是指示固定的端点，对要素进行长度调整。

操作：前中心线长度调整。已知原型的前中心线长度是“33cm”，需要将前中心线长度调整为“53cm”。首先，切换到剪切线命令，在输入框中输入调整后的长度“53”，按【Enter】键。然后，指示剪切线的固定端，这里是前中心线的上端，对其进行单击，然后单击鼠标右键延长前中心线，完成操作。（图 2.23）

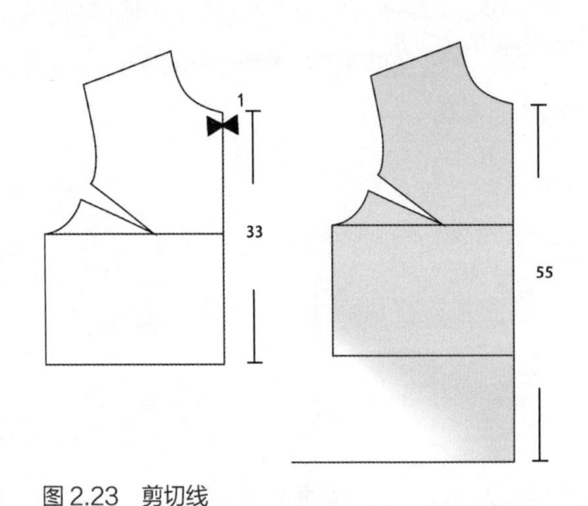

图 2.23　剪切线

（25）长度调整 ：对已知要素进行定量修改，操作要点是准确指示伸缩端，对其进行指定数值的增减。

【剪切线、长度调整】

操作：延长胸围线 2cm。单击长度调整命令，在输入框中输入伸缩的长度“2”，按【Enter】键。单击胸围线靠近衣片侧缝处，为命令指示线的伸缩端，再单击鼠标右键，胸围线延长 2cm，如图 2.24 所示红色部分，完成长度调整。需要延长时输入正值，需要缩短时输入负值。

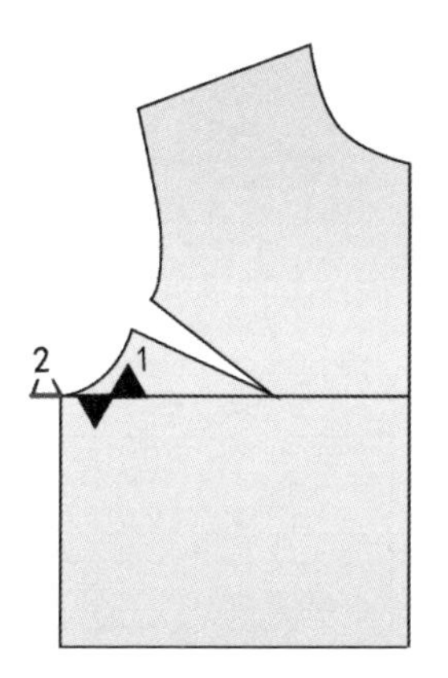

【自由移动】

图 2.24　长度调整

（26）自由移动 ：自由移动是以框选的形式选择需要移动的要素，并且默认在领域上的范围内进行选择，因此对要素的选择限制较少。被选中的要素呈蓝色，单击鼠标右键，要素被鼠标拖拽到指定的位置，再次单击确定位置，完成移动。

另外，单击自由移动命令后，按住【Ctrl】键，同时框选要移动的要素，按住鼠标拖动要素到指定位置后，单击【确定】按钮，再单击鼠标右键完成操作。这时，移动要素原来的位置，还保留该要素，呈现黄色状态。单击再表示命令，该要素会再次出现，这个操作相当于复制被移动要素。

第二节　常规纸样工具

（1）指定移动 ：在领域上选取指定要素，单击鼠标右键。然后根据需要，设定任意长度和方向拖拽鼠标，将指定要素移动到合适的位置，单击鼠标右键结束命令，就可以完成对指定要素的移动。

操作：移动前领口线。单击指定移动命令，框选前领口线，单击鼠标右键。在画面空白处单击，将鼠标拖拽到需要的位置并单击，将前领口线移动到该处。（图 2.25）

也可以在框选移动要素后，在输入框中输入需要移动的定数，输入移动量 dx/dy 值，例如分别输入“dx8”“dy9”“dx8dy9”等。

（2）指定移动复写 ：操作同指定移动，会在移动指定要素的同时，对其进行复制。

【指定移动、指定移动复写】

操作：移动袖笼省。单击指定移动复写命令，框选袖笼省，单击鼠标右键；指示移动前后两点，在操作界面空白处拖拽鼠标走完步骤 3 到步骤 4 的距离，完成指定移动复写。（图 2.26）

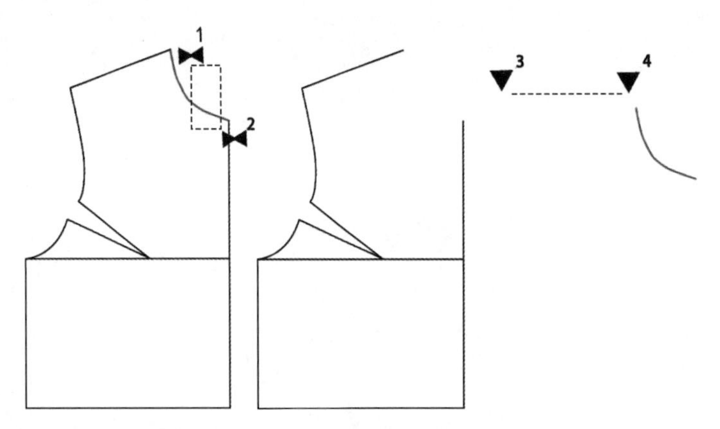

图 2.25　指定移动

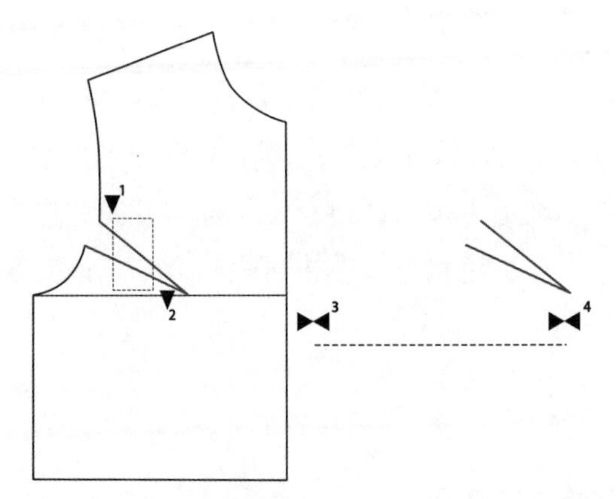

图 2.26　指定移动复写

（3）角度旋转 ：对指定要素按角度旋转。根据需要设定旋转的中心支点，给出旋转角度，输入正值角度，要素会按逆时针转动；反之，则按顺时针转动。

操作：首先单击角度旋转命令，框选要旋转的要素（领域上），这里选中前片，并单击鼠标右键进入下一步骤。指示旋转中心点，这里将腰围线右侧端点作为旋转中心点并单击。然后在输入框中输入“−15”，说明需要前衣片以旋转中心点为圆心，顺时针旋转 15°，按【Enter】键，单击鼠标右键，结束命令。（图 2.27）

（4）角度旋转复写 ：操作同上。对指定要素进行角度旋转复制，并且保留指定要素。然后单击鼠标右键，完成操作。（图 2.28）

【角度旋转、角度旋转复写】

（5）水平反转 ：对指定要素按水平基准线进行反转移动。

操作：单击水平反转命令，首先指示图形要素（领域上），这里框选前衣片，单击鼠标右键；要求指示反转基准线，这里以前中心线为水平反转基准线，单击鼠标进行前片反转，完成操作。（图 2.29）

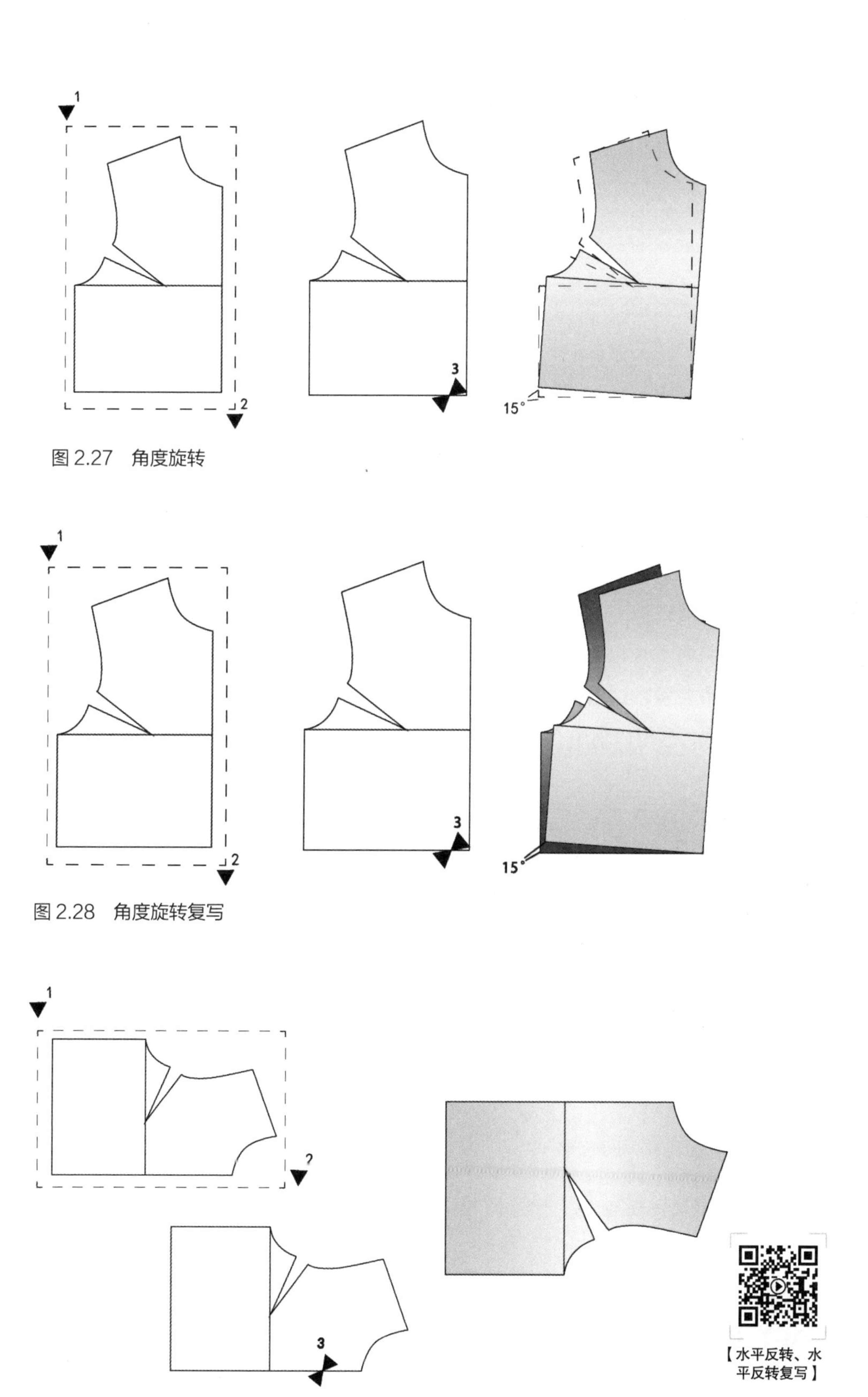

图 2.27　角度旋转

图 2.28　角度旋转复写

图 2.29　水平反转

（6）水平反转复写 ：操作同水平反转命令。对指定要素进行水平反转复写，保留指定元素。（图 2.30）

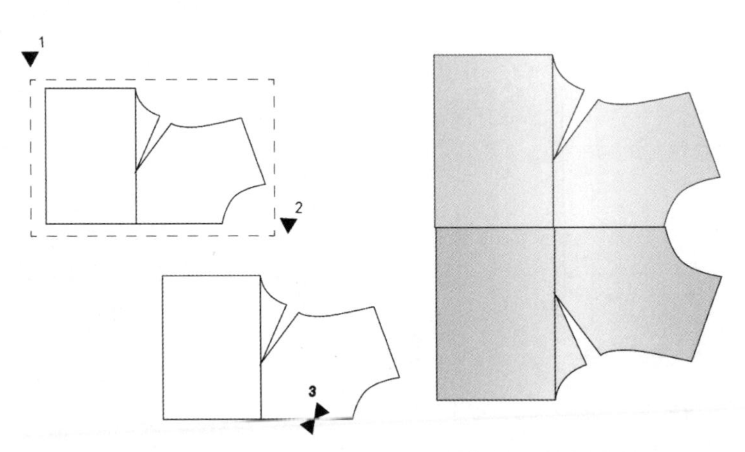

图 2.30　水平反转复写

（7）垂直反转 ：对指定要素按垂直基准线进行反转移动。

操作：将前衣片以前中心线为基准线，进行垂直反转。首先，单击垂直反转命令，指示要反转的图形要素，这里框选前衣片，选中后单击鼠标右键，进入下一个操作环节。要求指示反转基准线，这里以前中心线为基准线，单击进行衣片垂直反转，完成操作。（图 2.31）

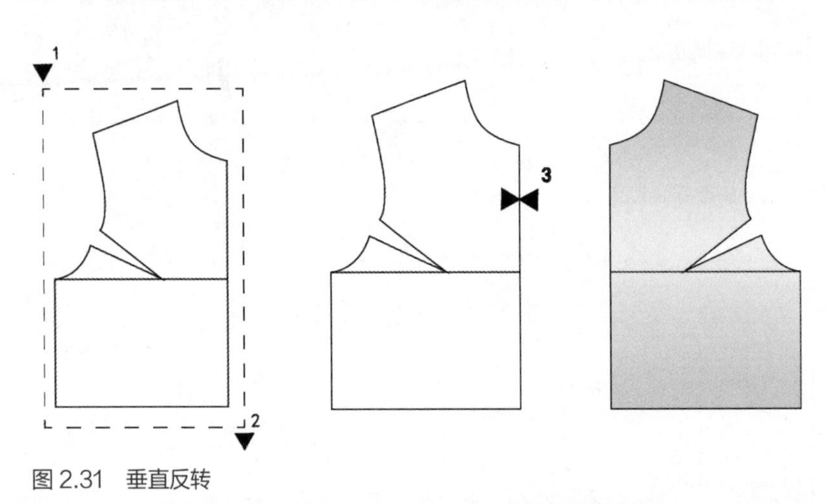

图 2.31　垂直反转

（8）垂直反转复写 ：操作同垂直反转命令。对指定要素进行垂直反转复写，保留指定要素。（图 2.32）

【垂直反转、垂直反转复写】

（9）要素反转 ：对指定要素，以设定的基准线为中心进行斜向的反转。

操作：驳领反转。单击要素反转命令，指示要反转的图形要素，这里框选驳领，选中后单击鼠标右键，进入下一步骤。指示反转基准要素，这里的反转基准要素是驳领的翻折线，先单击选中，再单击鼠标右键完成要素反转。（图 2.33）

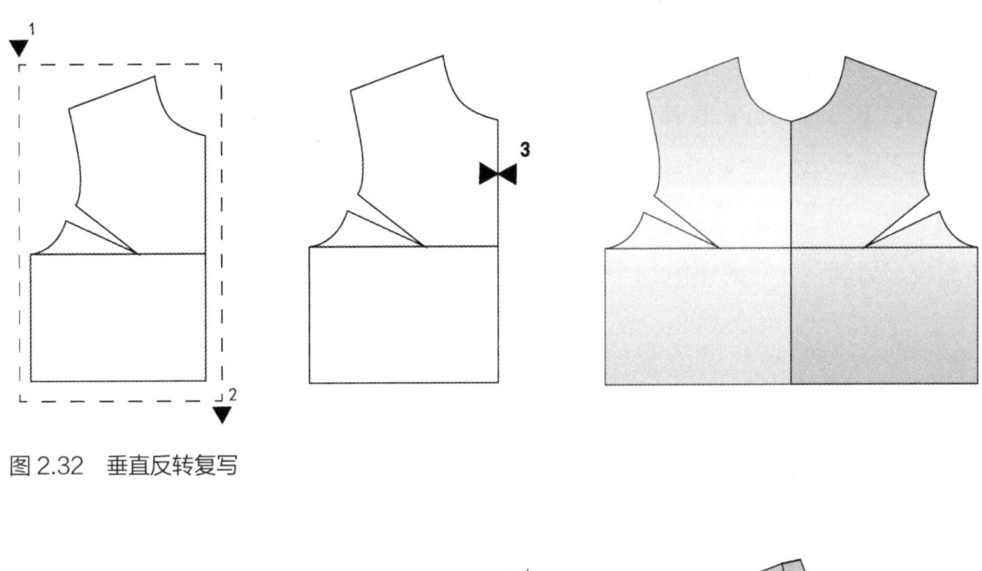

图 2.32　垂直反转复写

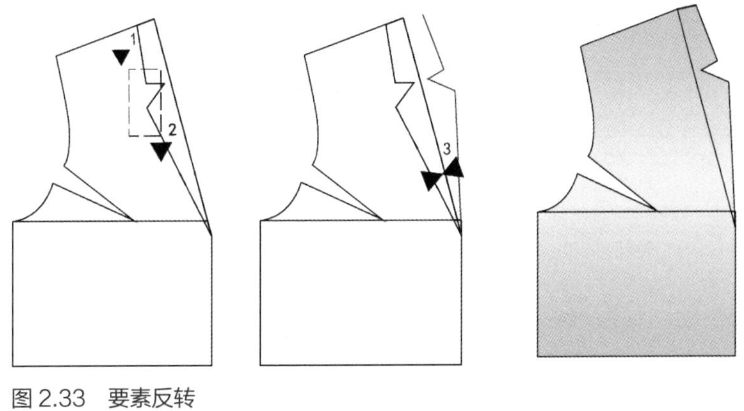

图 2.33　要素反转

（10）要素反转复写：操作同要素反转。对指定要素进行斜向复制移动，并且保留指定要素。（图 2.34）

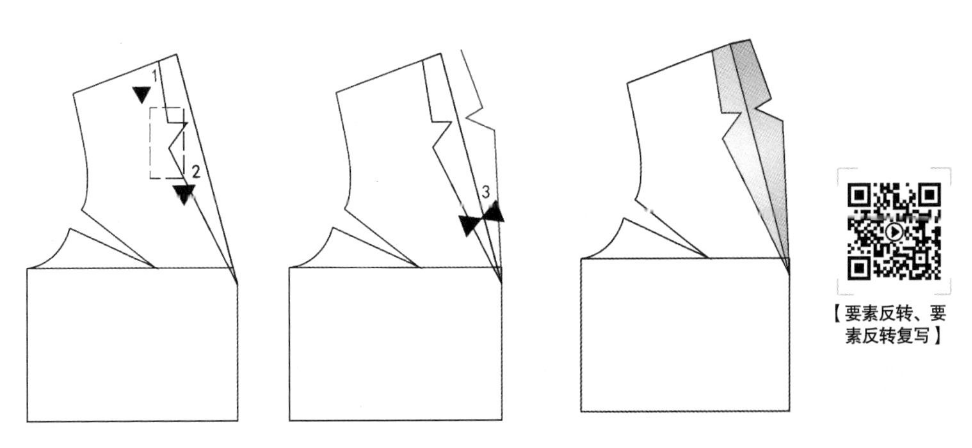

图 2.34　要素反转复写

（11）旋转移动 ：对板型中需要组合的结构进行拼合，形成完整的结构。

操作：衣片过肩结构的拼合。该操作是将前肩的一部分和后小肩对合，形成完整的新的后片结构。首先，指示要移动的图形要素，这里框选前小肩分割部分，选中后单击鼠标右键；然后，指示移动要素需要对合的起点和终点，这里先单击前小肩侧颈点位置，再单击肩端点位置；最后，指示移动后的起点和终点，这里相对应的是先单击后小肩侧颈点，再单击后小肩肩端点，完成操作。（图 2.35）

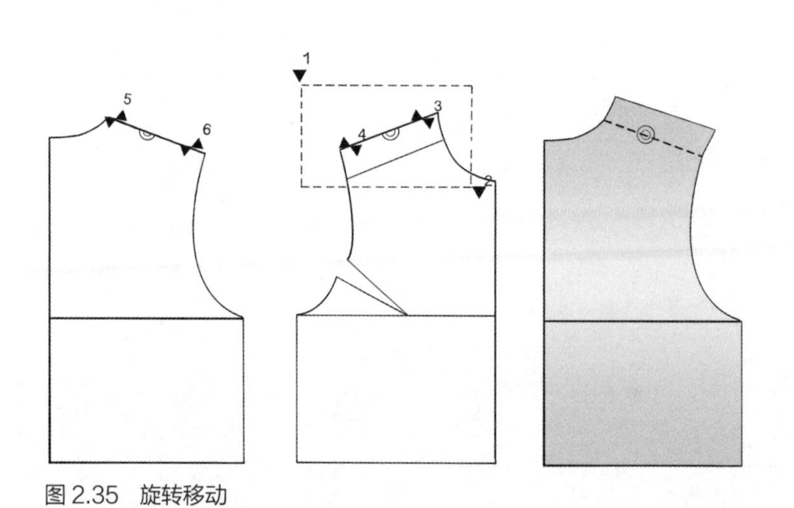

图 2.35　旋转移动

（12）对合移动 ：对板型中需要组合的结构进行拼合。在对合的过程中，调整对合的程度，形成完整的结构。

操作：前衣片与后约克过肩结构的对合。该操作是将后约克与前小肩对合，保证有 1.32cm 的交叠量，形成完整的新的前片结构。首先，指示要移动的图形要素，这里框选后约克部分，选中后单击鼠标右键进入下一步命令；然后，指示移动要素对合的起点和终点，这里先单击后小肩侧颈点位置，再单击肩端点位置；最后，指示移动后的起点和终点，这里相对应的是先单击前小肩侧颈点，再单击前小肩肩端点。这时以侧颈点为圆心，依据设计要求，移动鼠标，调整后约克和前片的交叠量，在合适的位置单击，完成操作。（图 2.36、图 2.37）

（13）水平补正 ：将倾斜的指定要素调整到水平。操作的要点是选择水平的要素作为基准。同时，指示回转中心的位置不同，补正后的水平位置也会不同。

【水平补正】

操作：首先指示需要补正的图形要素，这里先框选前衣片，选中后单击鼠标右键进入下一步命令；指示水平基准线，这里先单击胸围线，再指示回转中心，然后单击前中心线与腰围线的交点附近，完成水平补正。（图 2.38）

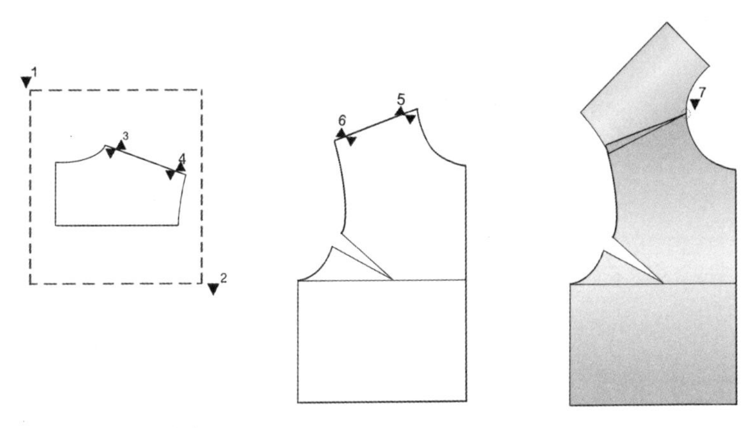

图 2.36　对合移动

图 2.37 “对合移动”对话框

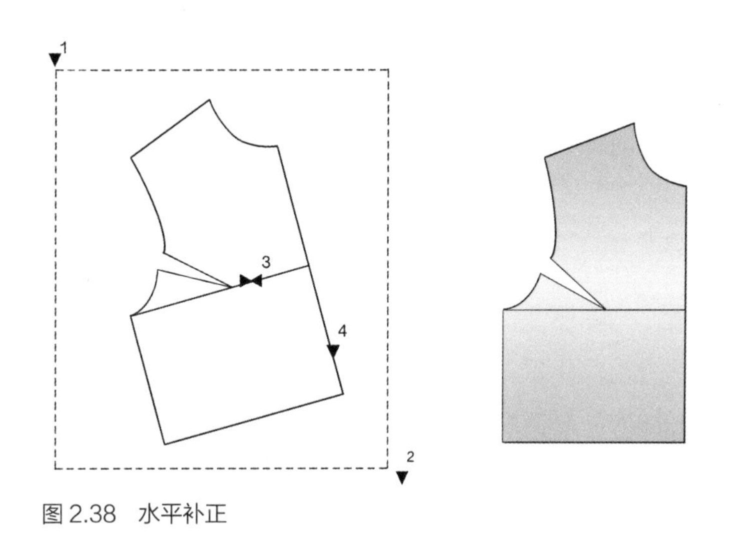

图 2.38　水平补正

（14）垂直补正：将倾斜的指定要素调整到垂直。操作要点是选择垂直的要素作为基准。指示回转中心的位置不同，补正后的垂直位置也会不同。

操作：指示需要补正的图形要素，先框选前衣片，选中后单击鼠标右键进入下一步命令；指示垂直需要的基准线，这里先单击前中心线，再指示回转中心，然后单击前中心线与腰围线的交点附近，再在腰围线上单击，垂直补正完成。（图 2.39）

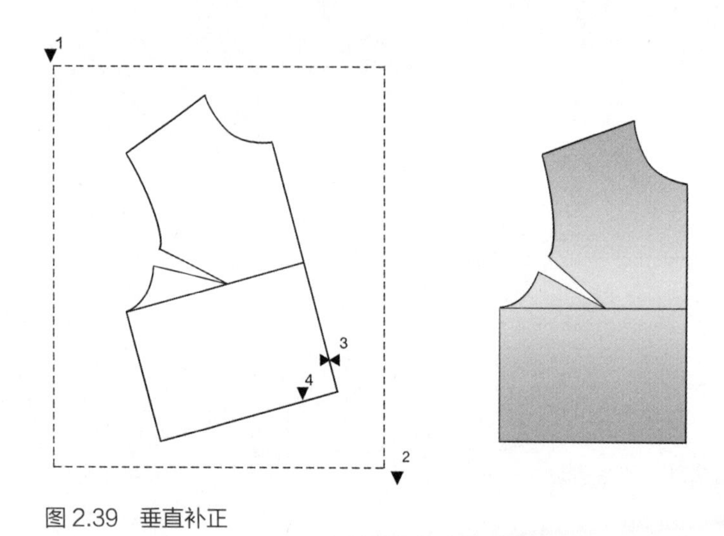

图 2.39　垂直补正

（15）省道 ：做省道的专用工具。前期需要依据对话框输入省量、选择省的类型，完成省道设定。指示中心线的另一端点会打开作省，最后单击鼠标右键完成操作。

操作：作 2cm 的前腰省。作省道要先确定省线的位置和长度，然后单击省道命令，在“省道设定”对话框（图 2.40）中完成设置。单击 ▸◂1 作省线，指示省的中心线，在靠近开省的一端单击，然后单击鼠标右键，完成省道制作。（图 2.41）

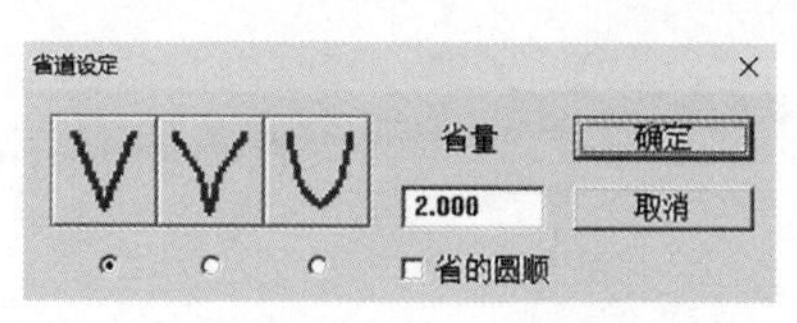

图 2.40 “省道设定”对话框

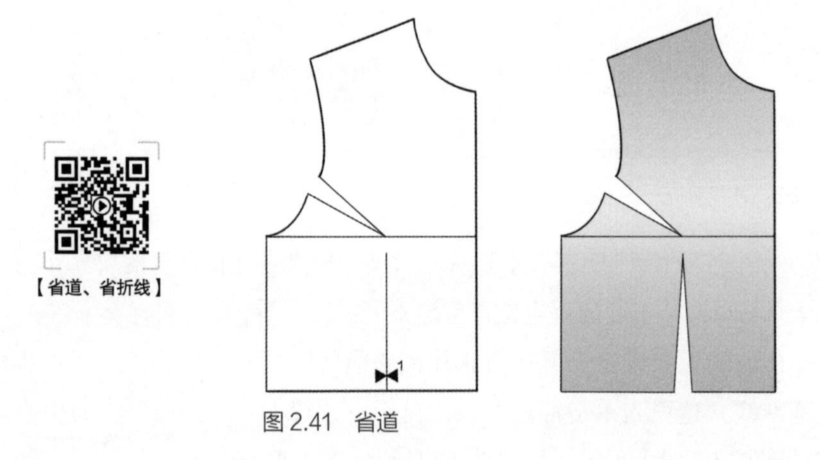

图 2.41　省道

（16）省折线：用于作省的折山线，是省的造型完成工具。

操作：指示倒向侧的省线与曲线 ▸◂1 和▸◂2；指示另一侧的省线与曲线 ▸◂3 和▸◂4，完成省折线制作。（图 2.42）

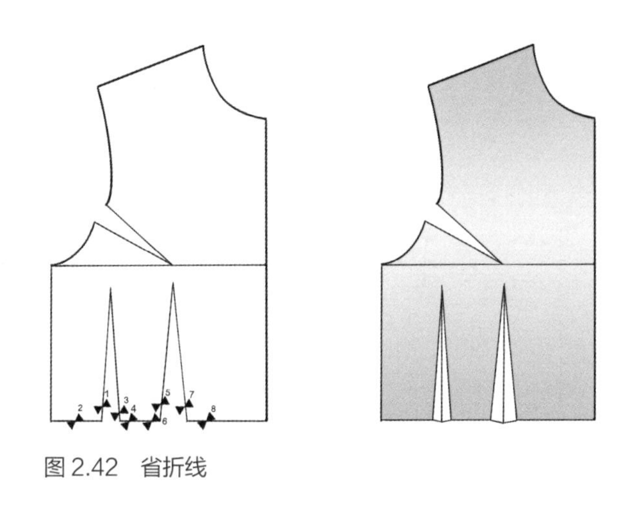

图 2.42 省折线

（17）平移：对指定要素进行分离，通常以分割线、裁断线等为剪开线，用于拆解平面板型。

操作：拆解指定要素。首先，框选被拆解的要素，领域上的要素都会被选择上，单击鼠标右键。然后，指示剪开线，单击鼠标右键。最后，在移动侧空白处单击。指示移动的前后两点，将鼠标拖拽到指定位置，或输入移动量 dx/dy 值，给出定数的位移位置。最后完成衣片的拆解分离。（图 2.43）

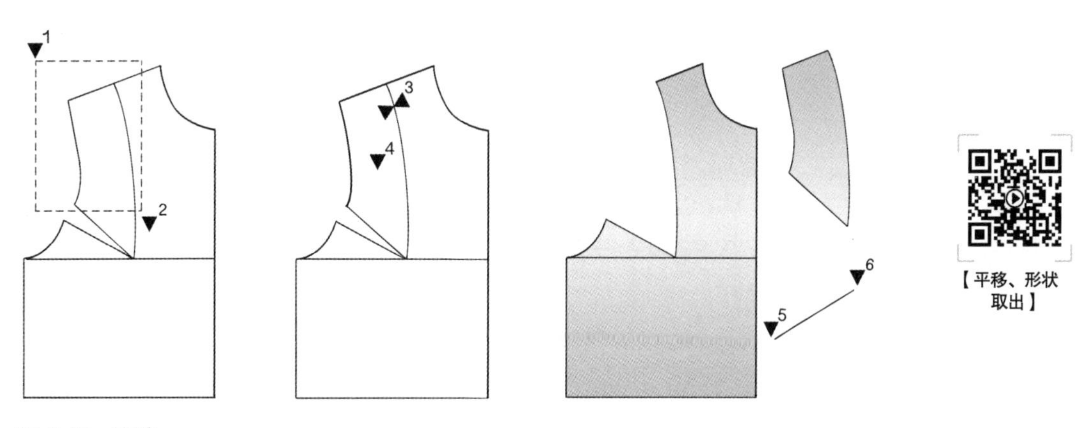

图 2.43 平移

（18）形状取出：对指定要素进行复制分离，通常以分割线、裁断线等为剪开线。该工具用于对平面板型的拆解，但保持指定要素结构不变。

操作：复制分离指定要素。首先，框选被拆解的要素，领域上的要素都会被选择上，单击鼠标右键；然后，指示剪开线，单击鼠标右键；最后，在移动侧空白处单击。指示移动的前后 2 点，将鼠标拖拽到指定位置，或输入移动量 dx/dy 值，给出定数的位移位置。最后完成衣片的复制分离。（图 2.44）

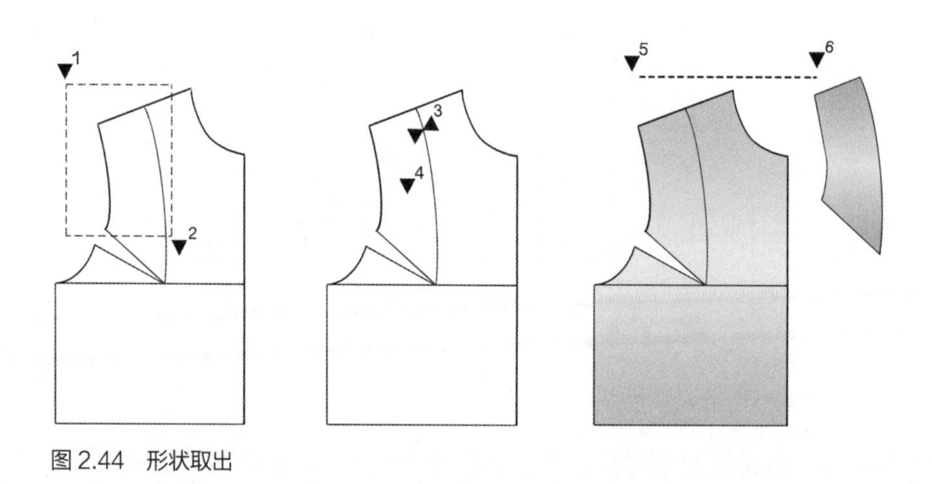

图 2.44 形状取出

第三节 文字符号工具

（1）文字设定 ：设定文字大小、角度、方向，以及虚线形式、纱向类型、记号直径。

操作：在“参数设定”对话框（图 2.45）中，重新设定各项参数，然后单击【确定】按钮，再作图时系统会使用此设定。此功能仅对输入文字及“符号条”中的符号有效。

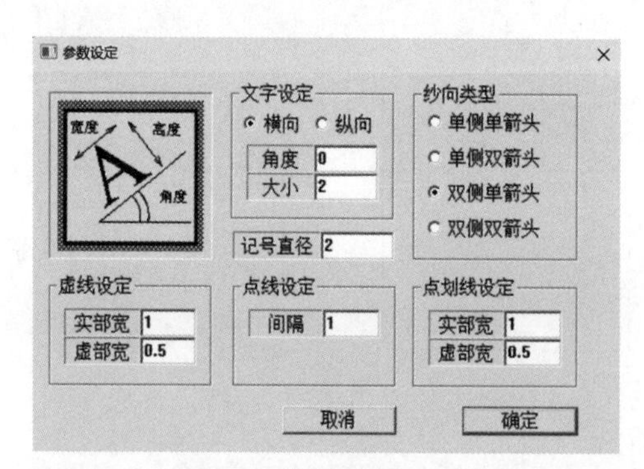

图 2.45 “参数设定”对话框

（2）输入文字 ：在不同的位置输入同一文字串。

操作：单击输入文字命令，输入文字项，输入文字“前身片”，按【Enter】键，指示文

字的位置▼1，单击鼠标右键，显示文字。（图 2.46）

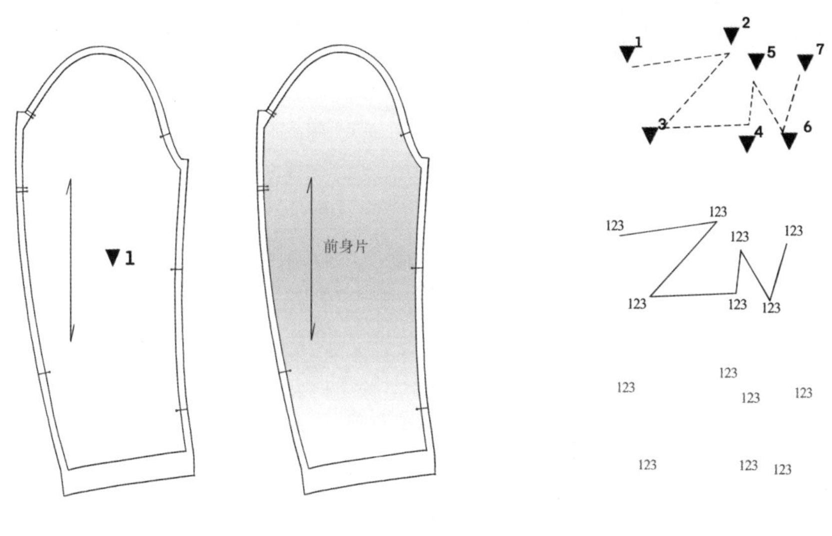

图 2.46 输入文字

（3）平行纱向 ：标注与基准线平行的纱向。

操作：指示纱向的开始点▼1，指示终了点▼2，指示基准线 ▸◂3，作出纱向方向。（图 2.47）

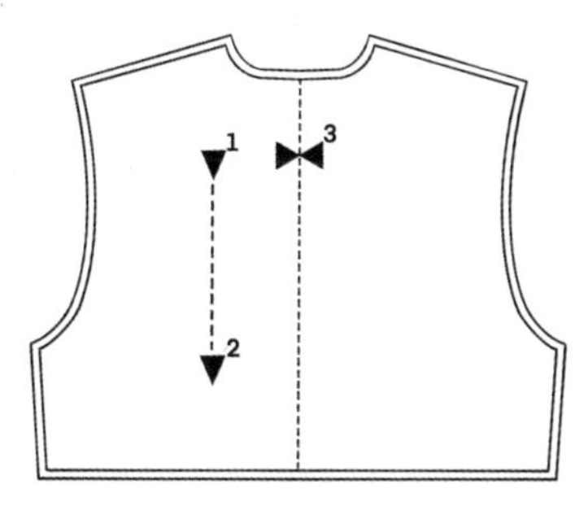

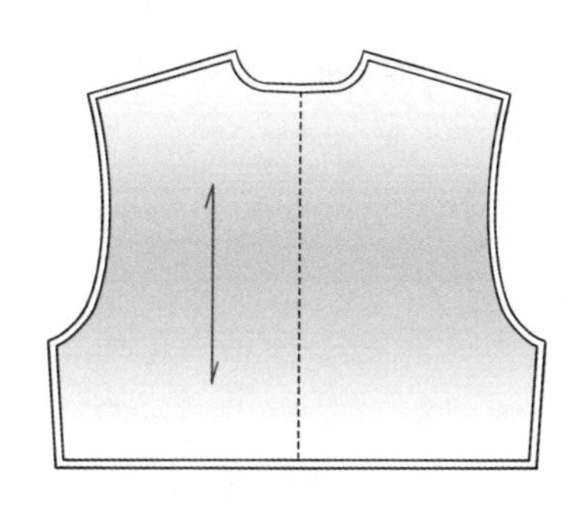

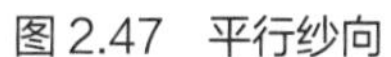
图 2.47 平行纱向

（4）等距圆扣 ：在指定要素位置作等距圆扣。

操作：单击等距圆扣命令。输入端点的距离“5”，按【Enter】键，指示圆扣沿边点列 ▸◂1；输入距下端点的距离“16.5”，按【Enter】键，指示圆扣沿边点列▸◂2，单击鼠标右键；输入扣的直径“1.5”，按【Enter】键；选择扣的类型（1= 圆扣，2= 雄按扣，3= 雌按扣）输入“1”，按【Enter】键；输入扣的个数“5”，按【Enter】键，作出等距圆扣。（图 2.48）

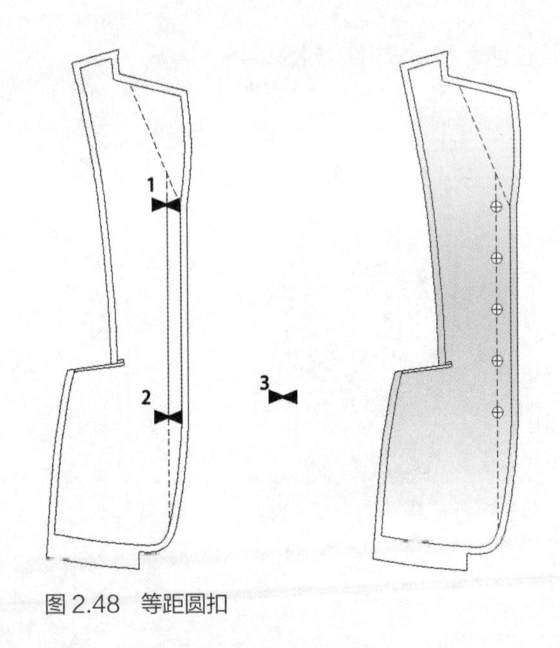

图 2.48 等距圆扣

（5）等距扣眼 ：在指定要素位置作出等距扣眼。

操作：单击等距扣眼命令。输入距上端点的距离“5”，按【Enter】键，指示圆扣沿边点列▸◂1；输入距下端点的距离“16.5”，按【Enter】键；指示圆扣沿边点列▸◂2，单击鼠标右键；输入扣的直径“2”，按【Enter】键；指示门襟止口方向▼3；选择扣眼的方向（横 =1，纵 =2），输入“1”，按【Enter】键；输入扣眼余量 0.5cm；输入扣的个数“5”，按【Enter】键，作出等距扣眼。（图 2.49）

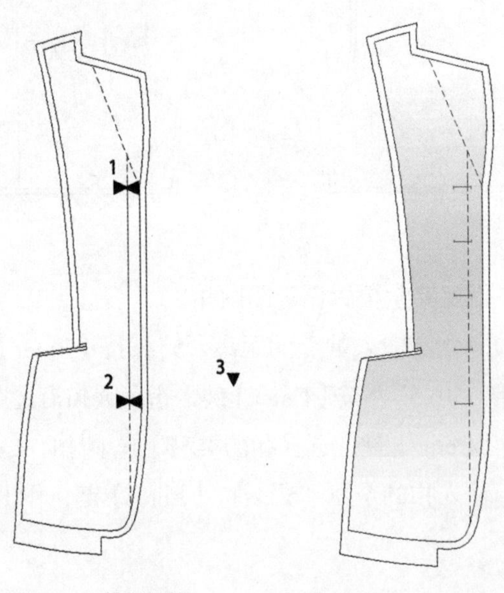

图 2.49 等距扣眼

（6）对刀 ：用来制作服装对位拼合的标记。完成制作的前提是对需要对合拼接的要素，以及要素之间的对位尺寸有准确的了解。（图 2.50）

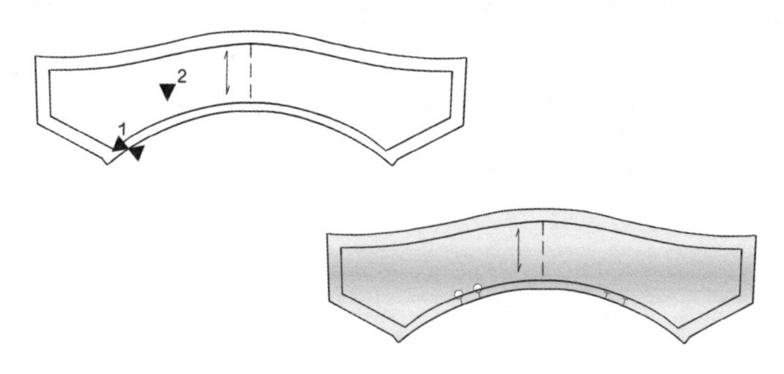

图 2.50　领子左侧对刀

操作：以翻领为例，制作对刀。

① 单击对刀命令，首先指示需要作对刀。

② 这里是单击领下口线的缝边线，要求从计算作对刀的一侧起，应使鼠标靠近缝边线左侧端点，并单击。

③ 单击鼠标右键进入下一步骤。指示作对刀出头的位置点，这时可以在领片内任意一点单击。

④ 这时会弹出“对刀处理”对话框。（图 2.51）

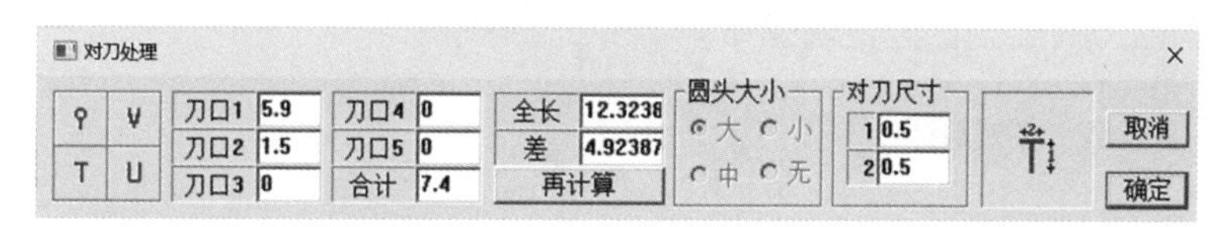

图 2.51　“对刀处理”对话框

在这个对话框中，第一栏中是 4 种对刀的表达形式，单击即可选中。第二栏中，可以作 5 个对刀的位置设定，例如刀口 1，就是该刀口距离设定要素端点的距离。那么，刀口 2 就是距离刀口 1 的长度，其他的以此类推。最后的合计，显示该元素的对刀一共所占的长度。第三栏全长显示的是该要素的长度，差是对刀之间的平均差值，再计算是初始和设定后的对照。第四栏和第五栏是对对刀形状的控制，可以依据最后一栏的标志，对照调试。调试完毕，单击【确定】即可。

⑤ 在本次操作中，设定第一个对刀距离要素端点为 5.9cm，第二个对刀距离第一个对刀为 1.5cm 即可，其他设置如图 2.51 所示。单击【确定】后，对刀就会出现如图 2.50 所示的领子左侧对刀。同时，也可以改变设置，作出领子右侧对刀。

（7）领域缝边 ：对一个封闭的形状，根据指定的宽度及角的种类，加出缝边。

操作：

① 指示领域（对角两点）▼1 和▼2，从左下的红色菱形点开始，顺时针方向指示宽度变更的点。指示宽度变更的点▼3，输入缝边的宽度值“1”，按【Enter】键；指示宽度变更的点▼4，输入缝边的宽度值“0.8”，按【Enter】键；指示宽度变更的点▼5，输入缝边的宽度值“1”，按【Enter】键；指示宽度变更的点▼6，输入缝边的宽度值“1”，按【Enter】键；指示宽度变更的点▼7，输入缝边的宽度值“3”，按【Enter】键；缝边闭合。（图 2.52）

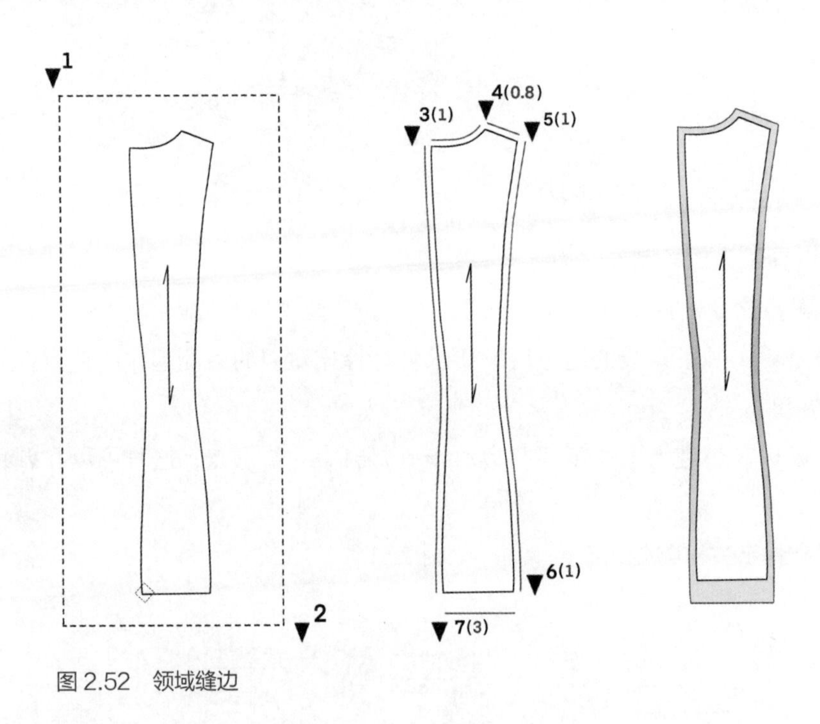

图 2.52　领域缝边

② 单击鼠标右键，弹出“选择层”对话框，选择除主号型之外的其他号型，可使其他号型加上与主号型相同的缝边。没作推板时，单击【取消】按钮，可结束号型选择操作。（图 2.53）

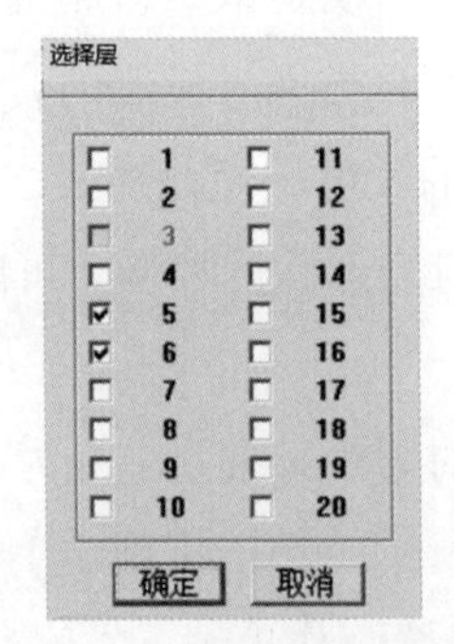

图 2.53 “选择层”对话框

③ 系统自动转为“角变更”状态，可改变加缝边后的角形。

（8）外周检查 ：这是检查命令中的一个常用命令，用于查看完成后的衣片外周是否闭合。（图 2.54）

操作：检查衣片外周。本范例设定两个区别非常明显的衣片，一个闭合，一个开放，便于观察使用外周检查命令后的变化。同时框选这两个衣片，会发现被选中的两个衣片中，闭合的呈玫红色，没有闭合的呈蓝色。先在空白处单击，再单击鼠标右键结束命令。结束命令后，闭合外周的衣片颜色无变化，没有闭合外周的衣片还原为制图时的黑色线条，也无变化。

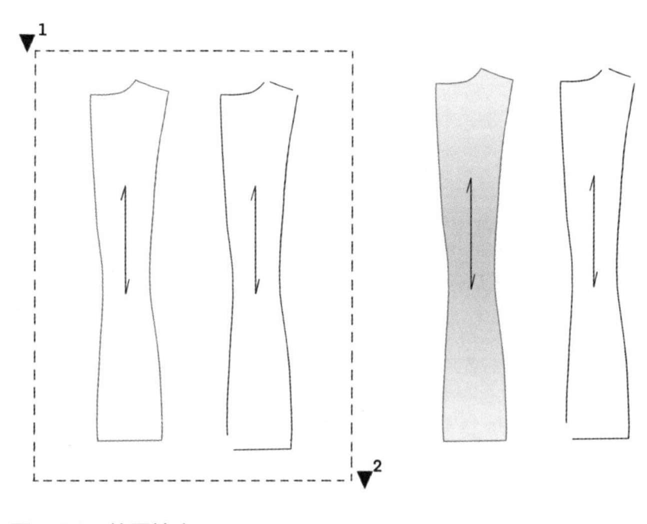

图 2.54　外周检查

（9）角变更 ：对加完缝边的衣片，进行转角的修改，便于后期对合缝制。

操作：袖笼底部转角的取直。单击角变更命令，会弹出“缝边角类型”对话框（图 2.55），有 4 种角的类型、3 种切断类型、2 种袖子的转角处理、1 种修正功能可供选择，依据实际制图，选择合适的变更功能，输入任意长度值，单击【确定】按钮即可。这里选择直角，长度值为 2。（图 2.56）

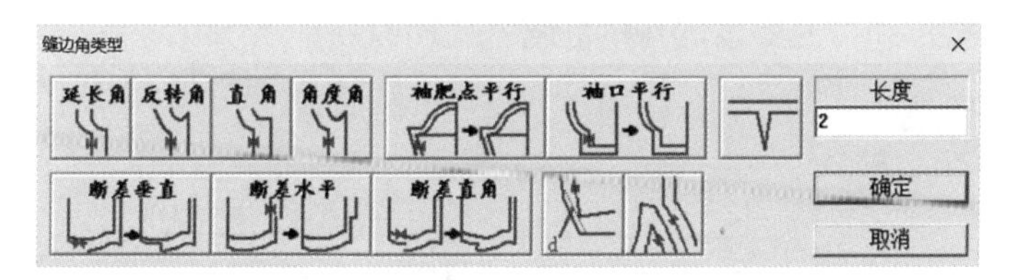

图 2.55　“缝边角类型”对话框

单击【确定】按钮后，要求指示修改角的基准线，这里以侧缝线为基准线，单击后侧缝线变成蓝色，如范例图（a），角变更完成。这时，可以看到袖笼线是黄色的，说明袖笼线也可以作为角变更的基准线。如果再次单击黄色袖笼线，切换袖笼线为基准线，会发现转角的造型发生改变，变为范例图（b）的形式。因此，在该命令的操作过程中，应注意对基准线的设定。

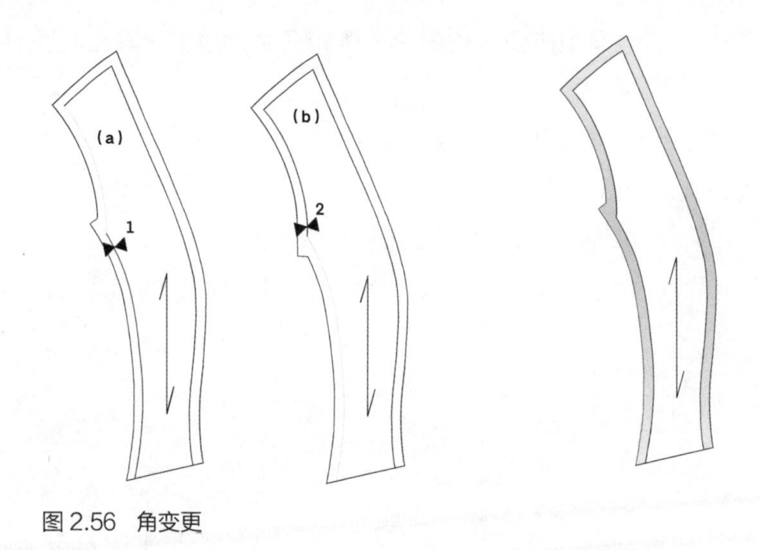

图 2.56 角变更

（10）布片属性 ：对衣片信息进行标记的命令。

操作：选择布片属性命令后，要求对衣片纱向进行定位，因为接下来标记的信息，都出现在纱向两侧。单击纱向，会弹出“布片属性”对话框。（图 2.57）在这个对话框的右侧选框中，上部是服装品类，如上衣、裤子、裙子等，选中后，下面的选框中就会对应出现构成该品类的部件名称，找到需要标记部件的名称，再次单击，左侧布片名中就会自动填写该服装部件的信息。也可以自行编辑名称及标注后的文字大小等。最后，单击【确定】按钮，完成标记。（图 2.58）

（11）尺寸表示 ：对指定要素进行测量，标示刻度。

操作：测量标示袖笼曲线。单击指定要素。这里鼠标分别单击大、小袖片的袖山曲线，会即刻显示标尺。单击靠近侧为零刻度端。完成后，单击鼠标右键取消命令，使用“再表示”命令，标示尺寸消失。（图 2.59）

（12）要素长度 ：对指定要素进行测量，标示刻度。同尺寸表示不同的是，要素长度命令显示的是线段总长和构成要素的点的状态。（图 2.60）

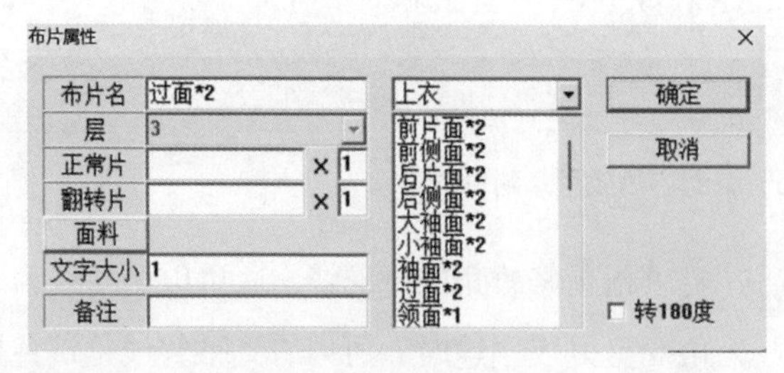

图 2.57 “布片属性”对话框

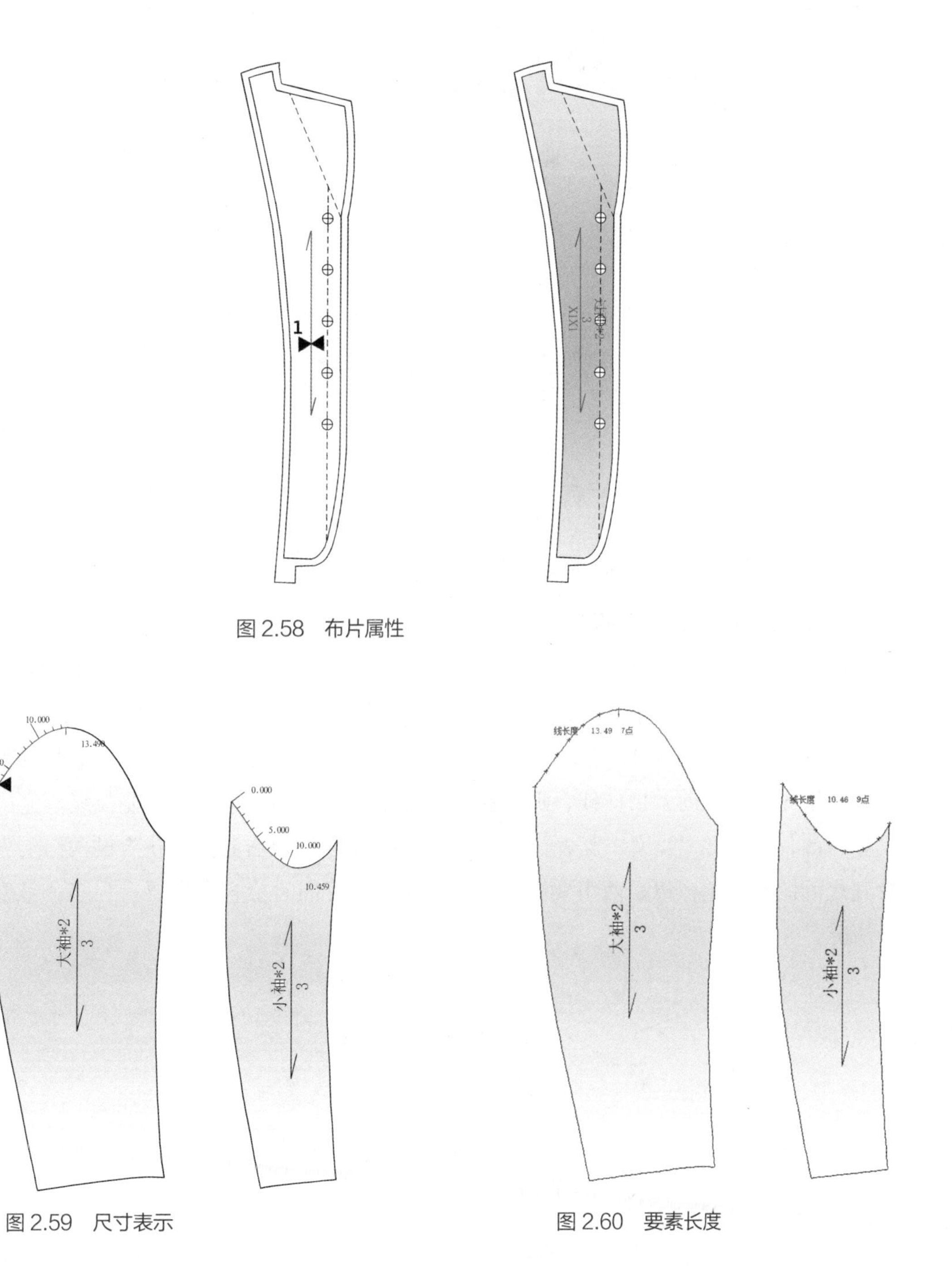

图 2.58　布片属性

图 2.59　尺寸表示

图 2.60　要素长度

（13）端点距离 ：确定指定要素的端点，完成对指定要素长度、位置的测量。

操作：测量袖侧缝长度。指示两要素的端点，这里是单击袖侧缝的两个端点，界面显示袖侧缝的长度和横、纵坐标的位置状态。（图 2.61）

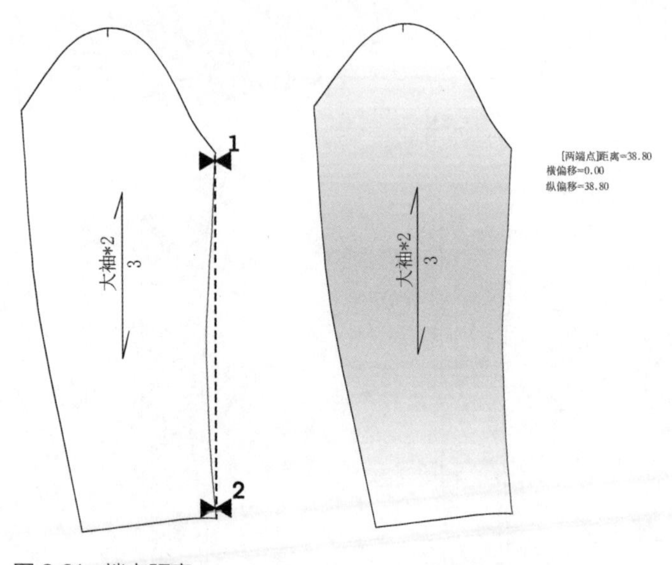

图 2.61　端点距离

（14）拼合检查 ：检查两个及以上需要对合的要素的长度及其所在号型的对合差。

操作：检查袖笼弧线和袖山曲线的对合情况。（图 2.62）首先，要求指示拼合要素 1，这里先选择袖山曲线的一组，分别框选前、后袖山曲线，完成后单击鼠标右键进入下一步骤。然后，指示拼合要素 2，即框选前、后袖笼弧线，在这两个步骤中，一定要按顺序指示，即如果先指示了前袖山曲线，那么在第二个步骤中也要先指示前袖笼弧线。完成后单击鼠标右键，会弹出“长度一览表”对话框。（图 2.63）可以看到进行拼合的两组要素的长度及其之间的对合差，以及两组要素所在的号型，也可同时检查指定要素在多个号型中的对合情况。

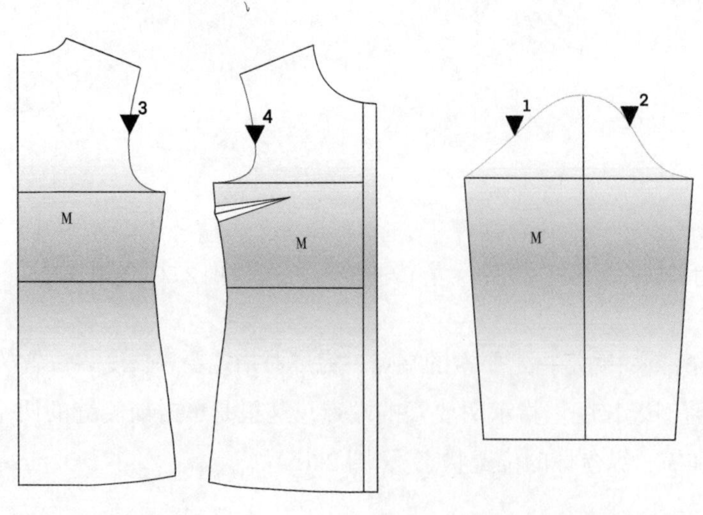

图 2.62　拼合检查

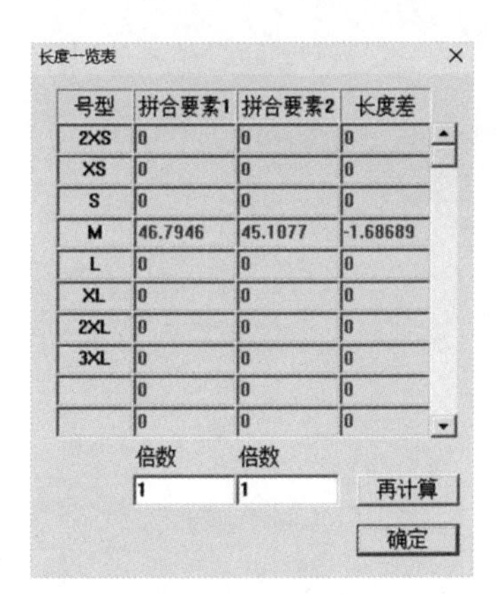

图 2.63 “长度一览表”对话框

思考与实践

（1）角度线练习：作十字交叉线，从交叉点分别作不同方向、不同角度的角度线。

（2）绘制板型贴边，将板型结构与贴边分离，标记制图符号。

CHAPTER THREE

第三章
打板工具菜单介绍

【本章要点】

（1）板型的展开方式及合并重组方式。

（2）板型的调整、检查、修正。

（3）板型的标示。

【本章引言】

本章对 NAC 菜单命令进行全面讲解。其中，学习的重点是对服装板型基于 CAD 环境的分析、制作、调整、修正。此外，学生应能正确应用 NAC 服务与板型规范化、专业化的工具。党的二十大报告提出："实施产业基础再造工程和重大技术装备攻关工程，支持专精特新企业发展，推动制造业高端化、智能化、绿色化发展。"本章的学习方式为案例的分析、制作，要求学生举一反三，提出新的问题，并给出解决方案。

菜单是 NAC 打板系统主要功能的集成部分，系统所有功能项目均在此被列出，包含工具条、符号条的所有功能。在该系统中，共有 14 个菜单，大致可以分成 5 类：第一，文件功能，包含文件菜单、编辑菜单；第二，制图功能，包含作图菜单、修正菜单、纸样菜单；第三，标识功能，包含文字菜单、记号菜单；第四，辅助制图，包含缝边菜单、检查菜单、部品菜单、属性菜单；第五，系统设置，包含画面菜单、查看菜单、帮助菜单。每个菜单又分若干子菜单，若子菜单的右侧出现黑色箭头，说明还有下一级菜单。该系统最大分三级菜单，使用时可用鼠标单击相应菜单项。本节主要介绍该系统的专有功能，工具条中已有的功能在此不再赘述。

第一节　文件功能菜单

一、文件菜单

文件菜单主要用于对系统文件状态进行编辑，包括文件的提取、保存、使用状态，在不同界面中的交流等。文件菜单大致可以分为 6 个部分，其中文件的建立、打开、保存最为重要。用鼠标单击文件，会弹出如图 3.1 所示的窗口。

（1）参照文件 / 新建：在当前画面中创建另一个新的空白工作区。

操作：单击新建命令，画面被分为两个工作区，左侧为当前工作区，右侧为新建的参照文件工作区，左、右两个工作区可同时使用，单击任一画面，即切换为工作区。单击“画面”菜单中的“纵分”，取消其前面的“√”，可关闭参照文件工作区。（图 3.2）

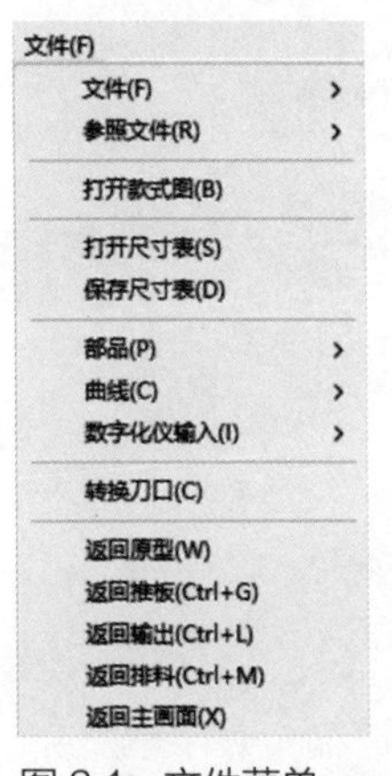

图 3.1　文件菜单

（2）参照文件 / 打开：在保证当前操作界面正常使用的同时，再打开一个新的文件，建立一个新的工作区。

操作：单击参照文件 / 打开命令，在弹出的打开对话框中选择需要参照的文件名，单击打开即可。画面被分成两个工作界面，右侧为参照文件工作区，左、右两个工作区可通过单击随时切换成当前工作区，点击“画面”菜单中的“纵分”可关闭参照文件。（图 3.3）

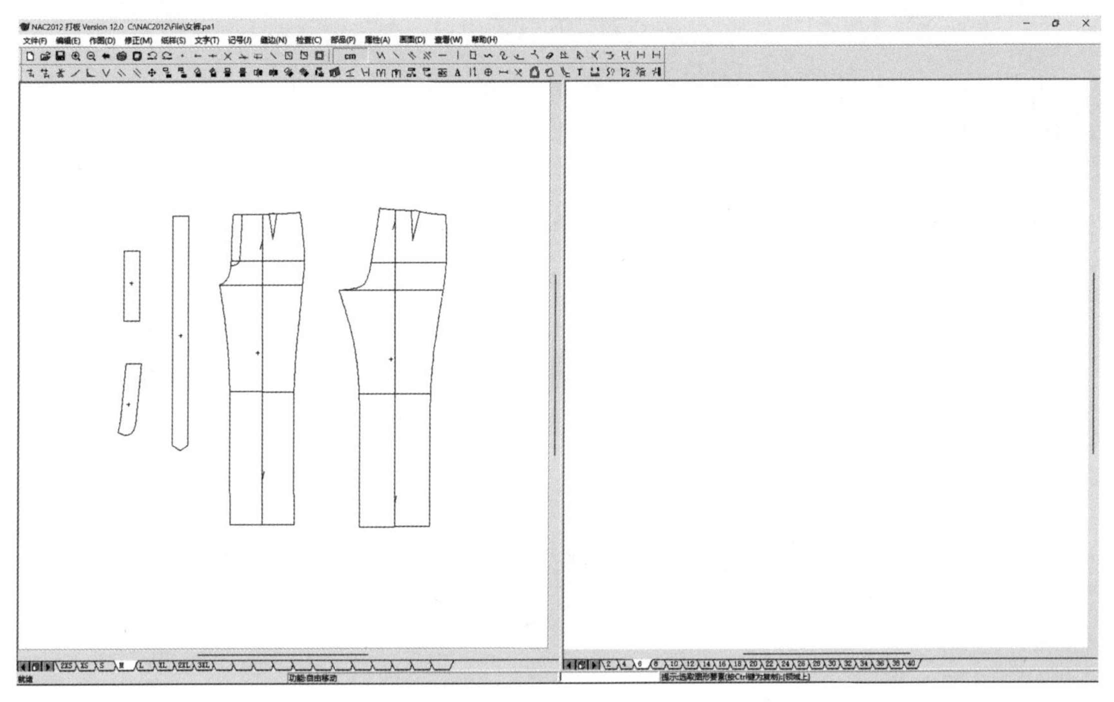

图 3.2 参照文件 / 新建

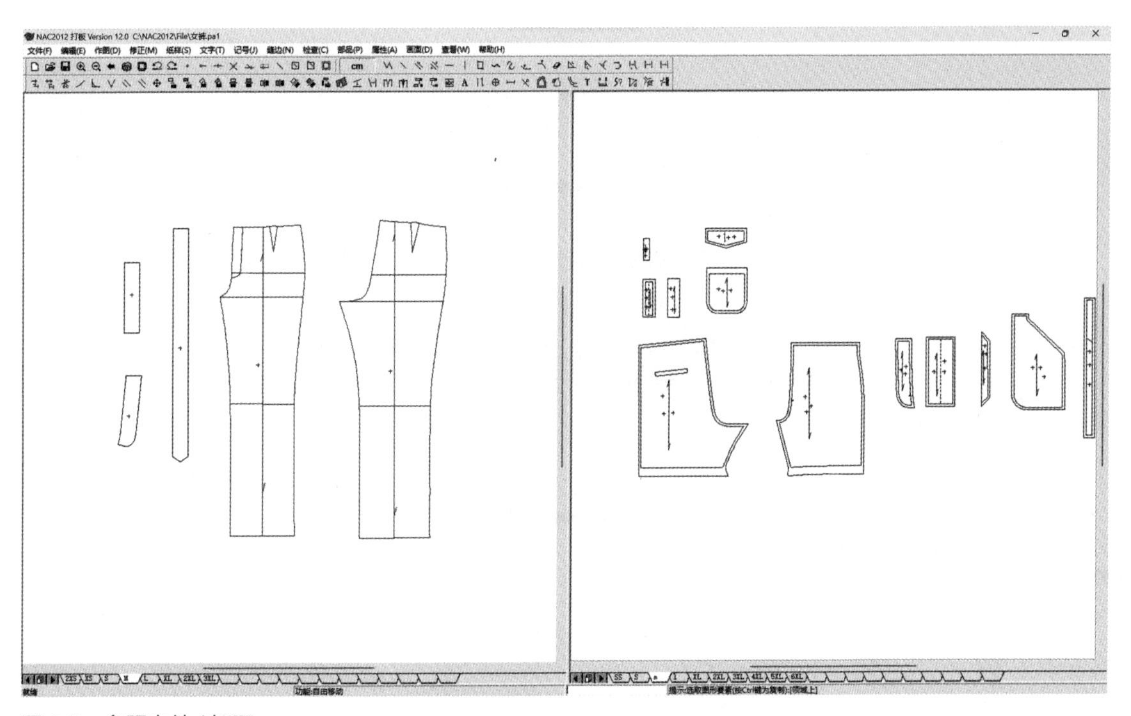

图 3.3 参照文件 / 打开

（3）参照文件 / 保存：将当前参照文件工作区内容保存到指定文件中。

操作：初始文件的保存会自动转为“另存为”，当前画面内容会自动替换参照文件原有内容。

（4）参照文件 / 另存为：将当前参照文件重新命名。

操作：单击【另存为】按钮，在弹出的“另存为”对话框中选择保存位置；在“文件名”处填写该文件名；对话框右侧可根据实际情况填写，也可以忽略。

（5）打开款式图：打开款式图片，参照制板。

操作：单击打开款式图命令，在弹出的“打开款式图”对话框（图 3.4）中选择想要打开的文件。在系统默认的文件夹中，会存储需要的款式图，系统默认 4 种类型的款式图图片格式。单击打开，款式图会出现在画面左侧。单击“画面”菜单中的“款式图”可关闭款式图。（图 3.5）

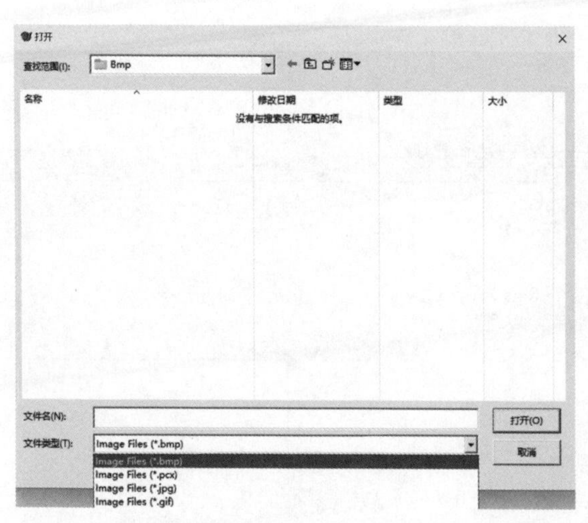

图 3.4 “打开款式图”对话框

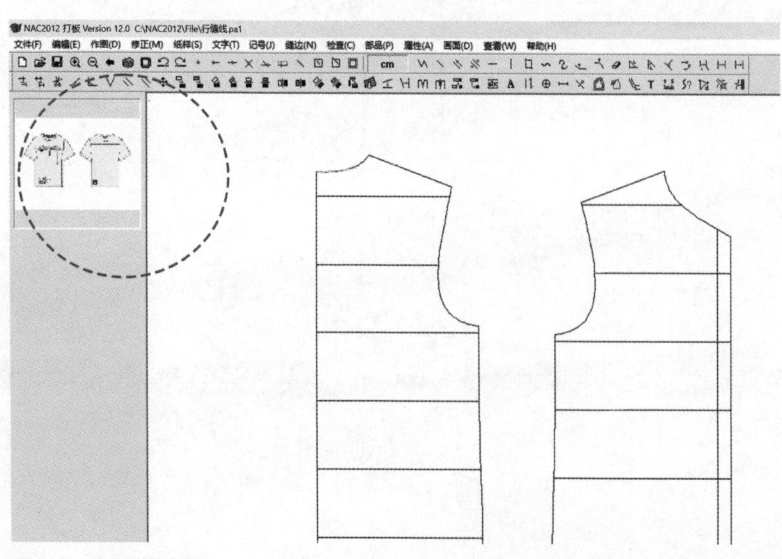

图 3.5 打开款式图

（6）保存尺寸表：保存新建或修改过的尺寸表。

操作：在“画面”菜单中点击“尺寸表”，操作界面的左下角会出现红圈内的对话框。（图 3.6）在该处填写或改动内容之后单击保存尺寸表。在表格中，单击鼠标右键，会弹出页追加、行插入、行删除。追加页面，表格会变成白色可编辑状态，可依据相关要求，进行尺寸类别和数值的填写，并且可依据行插入和行删除，对已有的表格进行编辑修改。完成编辑后，单击“文件 / 保存尺寸表”，在弹出的“另存为”对话框中选择保存位置，在“文件名”处填写文件名，单击保存，完成操作。（图 3.7）

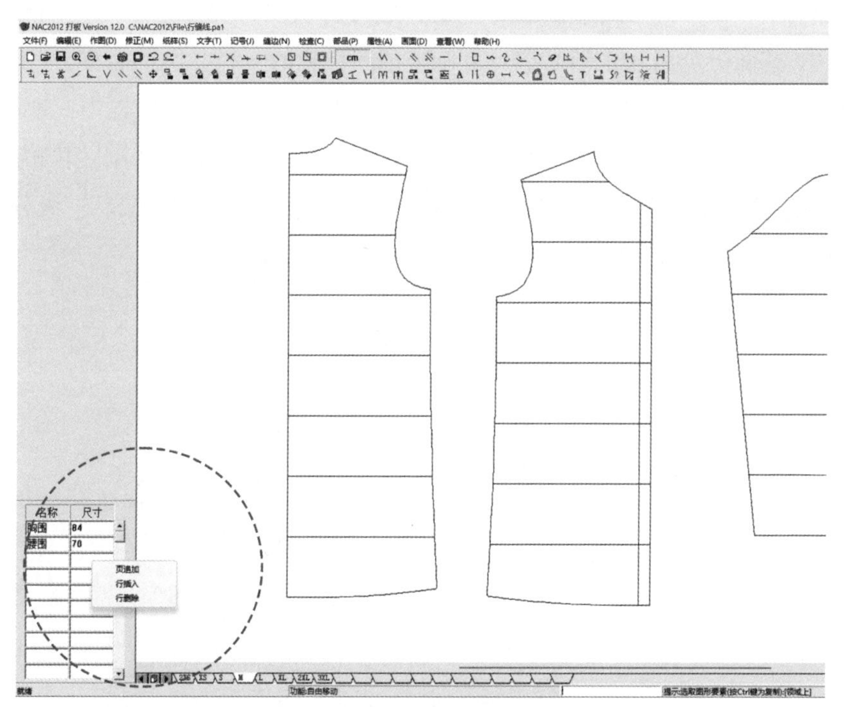

图 3.6　编辑尺寸表

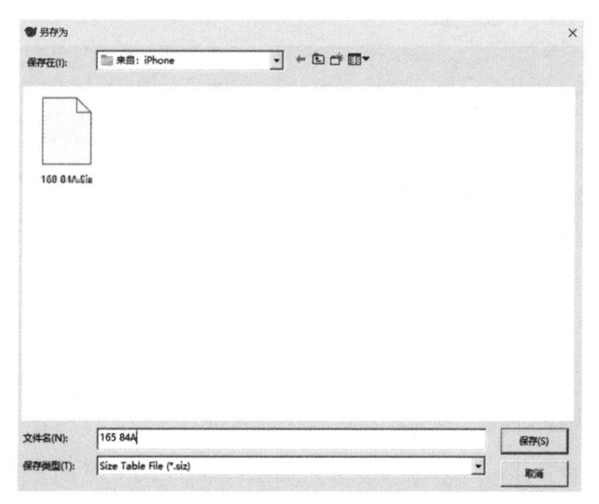

图 3.7　保存尺寸表

（7）打开尺寸表：打开已有的尺寸表。

操作：在弹出的对话框中选择想要打开的文件，点击打开，则尺寸表出现在画面左侧。点击“画面”菜单中的“尺寸表”，可关闭尺寸表。在尺寸表中单击鼠标右键，可以继续对尺寸表进行编辑。完成后可执行上一命令，即保存尺寸表，完成保存。

（8）部品 / 部品登录：对于经常使用的板型，可使用部品登录命令，进行存储、整理。方便在以后的制板工作中，随时使用部品粘贴命令调出保存的板型，提高生产效率。

操作：单击部品登录命令。（图 3.8）首先选择要保存的板型，这里框选袖片，然后单击鼠标右键；命令要求在空白处任意点单击，这时会出现“部品登录”对话框。（图 3.9）在该对话框中，“新分类名”是部品进行复制整理新设置的一级品类的名称，“部品文件名”是需要保存的板型的名称，也就是该板型会被归类到新设置的一级分类中，这两项设置完毕，单击“分类名追加”，刚才的设置就会被存储。单击“一级分类名”下方菜单栏右侧的三角按钮时，之前的设置会出现在该菜单栏中。同时，也可以进行二、三级分类的备注，或使用“分类名删除”将已经存储的分类删除。

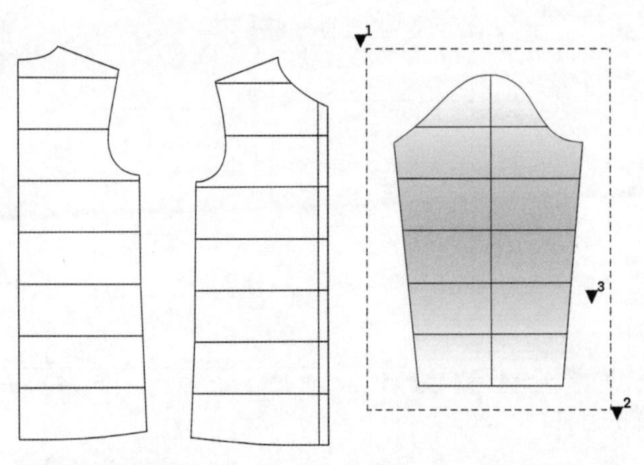

图 3.8　部品登录

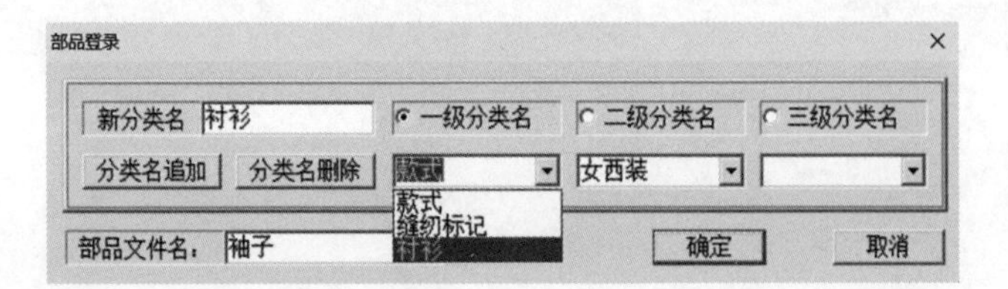

图 3.9　“部品登录”对话框

（9）部品 / 部品粘贴：将已存储的板型，粘贴到指定位置。

操作：单击部品粘贴命令，在操作界面中想要放置板型的位置，单击鼠标左键，确定粘贴的基点。这时，会弹出“部品粘贴”对话框。（图 3.10）之前存储的板型，会依据品类

分级的设定，出现在下面的图示中，先选择需要的板型，再点击【确定】按钮，板型就会出现在操作界面中。(图 3.11)

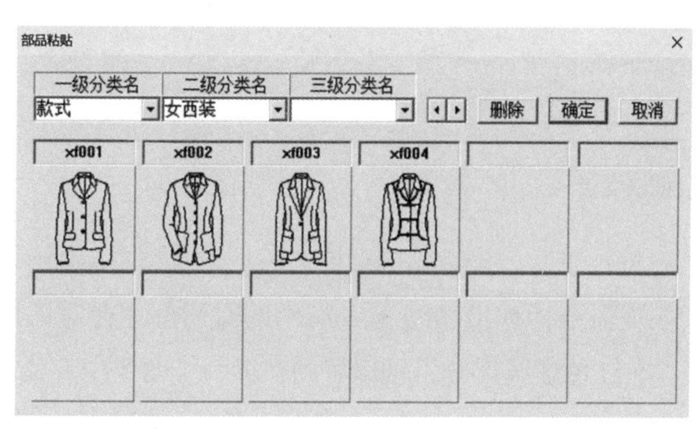

图 3.10 “部品粘贴”对话框

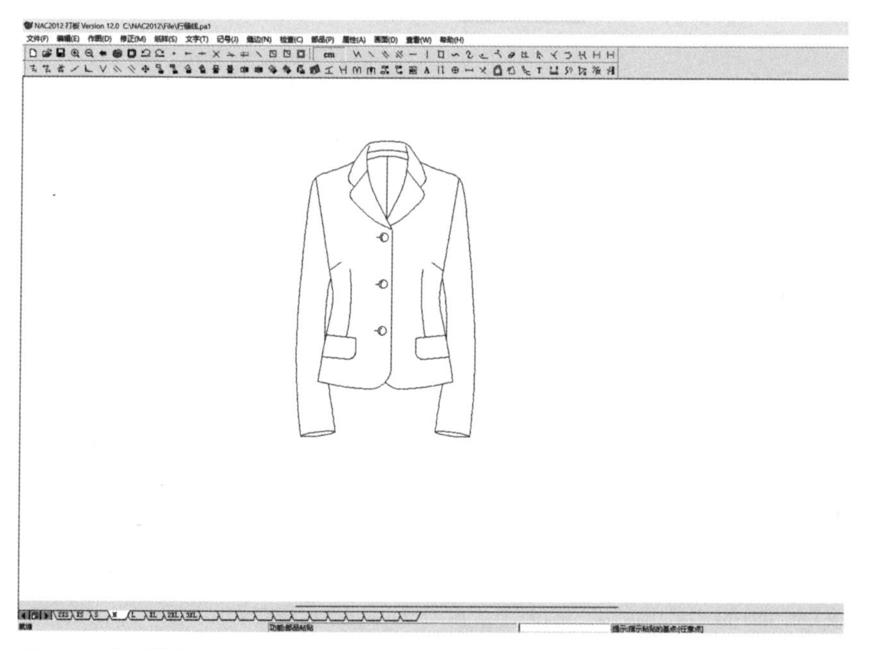

图 3.11 部品粘贴

(10) 曲线 / 曲线登录：将制板过程中已经绘制完成的常用曲线，如领窝曲线，袖笼曲线等进行存储。(图 3.12)

操作：单击曲线登录命令，这时提示要求为“从曲线内侧起指示‘奇数条’曲线：[领域上]”。因此，可以分别圈选或者框选 3 条曲线，然后单击鼠标右键。下一步是指示曲线的开始位置和结束位置，靠近端点分别单击。接下来指示曲线凹下的变更点，可在曲线凹陷处任意点单击，完成指示。最后，在输入框中输入需要保存的曲线名称，这里输入“123”，按【Enter】键，完成存储。

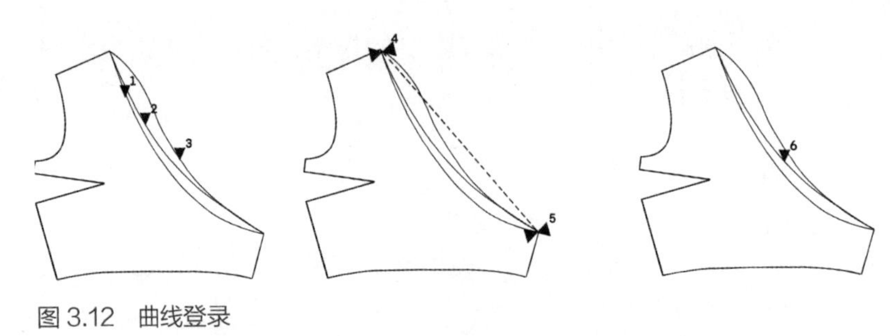

图 3.12　曲线登录

（11）曲线 / 检索一览：查看已经存储的曲线。

操作：单击检索一览命令，弹出如图 3.13 所示的对话框。在对话框的图例中，可以看到所有已存储的曲线。在红色虚线部分，可以看到在上一个命令中存储的“123”曲线文件。

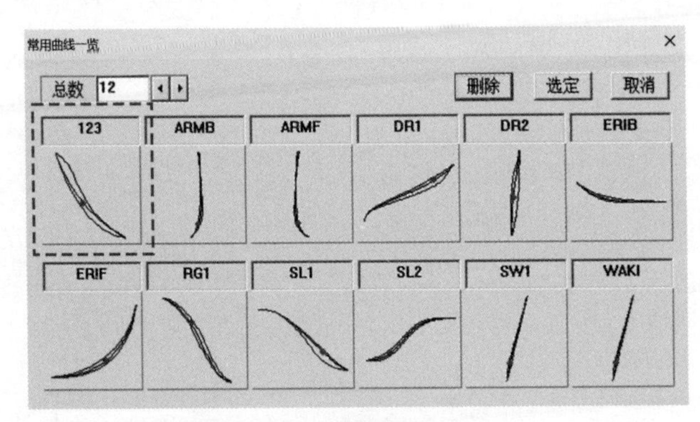

图 3.13　“常用曲线一览”对话框

（12）曲线 / 曲线设置：调出保存的曲线，设置到纸样上。

操作：单击曲线设置命令，弹出如图 3.13 所示的对话框，选择需要的曲线，单击选定或双击曲线图形，这里选择之前存储的“123”曲线。回到操作界面中，首先确定曲线的位置，即曲线的开始位置和结束位置，然后在输入框中输入凹下的变更量（输入变更的凹量值：“+ 值”变深，“– 值”变浅），这里输入凹下的变更量“0”，按【Enter】键，设置完成。（图 3.14）这时，画面中粉色的线是曲线的参考线，凹下变量的设置，主要对红色线条的造型进行调节。同时，使用“点列修正”工具也可以手动对曲线造型进行设置。

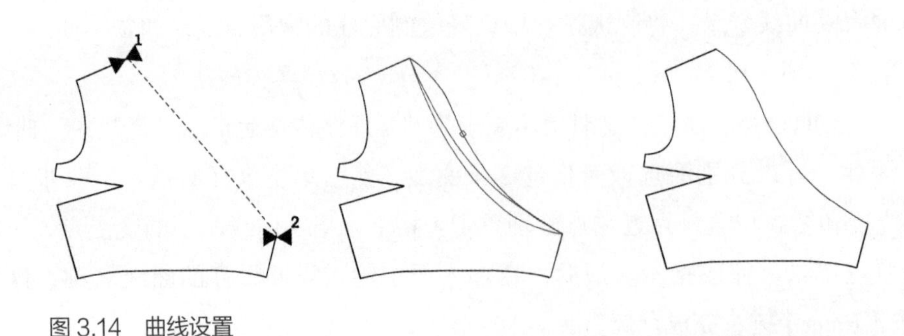

图 3.14　曲线设置

（13）曲线 / 长度对合：在制板过程中，在指定的长度范围内，使用已经存储的曲线样板。

操作：单击长度对合命令，会弹出如图 3.13 所示的对话框，点选曲线，这里还是选择存储的“123”曲线样板，单击选定或双击曲线图形。接下来回到操作界面，指示作曲线的基准点、开始点和终了点，再指示曲线对合的固定端点及调整长度的移动侧要素，最后在输入框中输入曲线的长度“20”和凹下的变更量“0”，按【Enter】键，完成操作。（图 3.15）

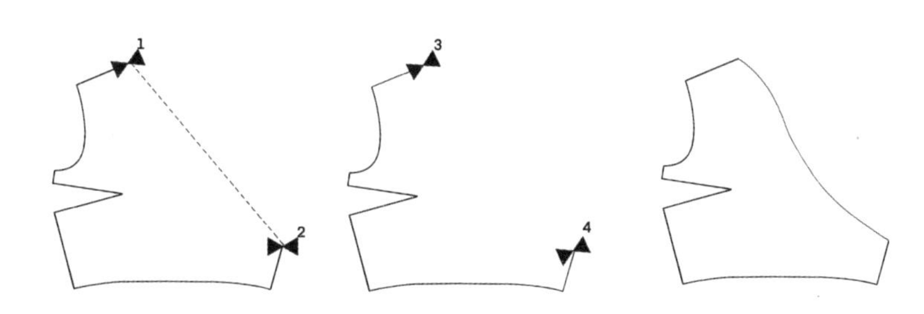

图 3.15　长度对合

文件菜单中的最后一个工作区域是 NAC 系统不同界面之间的工作通道，这里是根据服装工业化生产模式设置的模块，单击可以在不同的模块之间进行操作文件的交流。

二、编辑菜单

编辑菜单集合了对板型的移动和复制的命令，主要基于板型的角度、定量、方向等进行移动和复制。编辑菜单中的命令使用频率较高，大部分命令都有快捷按钮，在之前的工具条中很多命令已经介绍完毕，下面对其他命令进行补充介绍。（图 3.16）

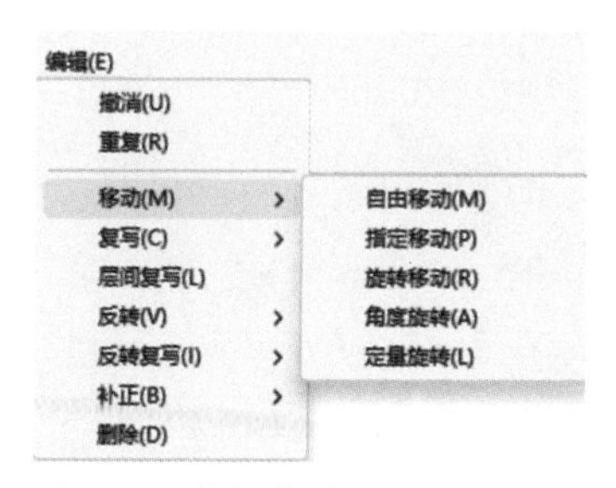

图 3.16　编辑菜单

（1）移动 / 定量旋转（定量旋转复写）：以指定的数值、旋转中心，对板型进行移动。

操作：选择定量旋转命令。首先框选要移动的要素，指示腰围线左侧端点，确定旋转中心，再指示腰围线右侧端点，确定旋转移动点；然后在输入框中输入移动数值“10”，按【Enter】键，完成操作。（图 3.17）定量旋转复写命令的操作方法与此相同，都是对定量的再复制。

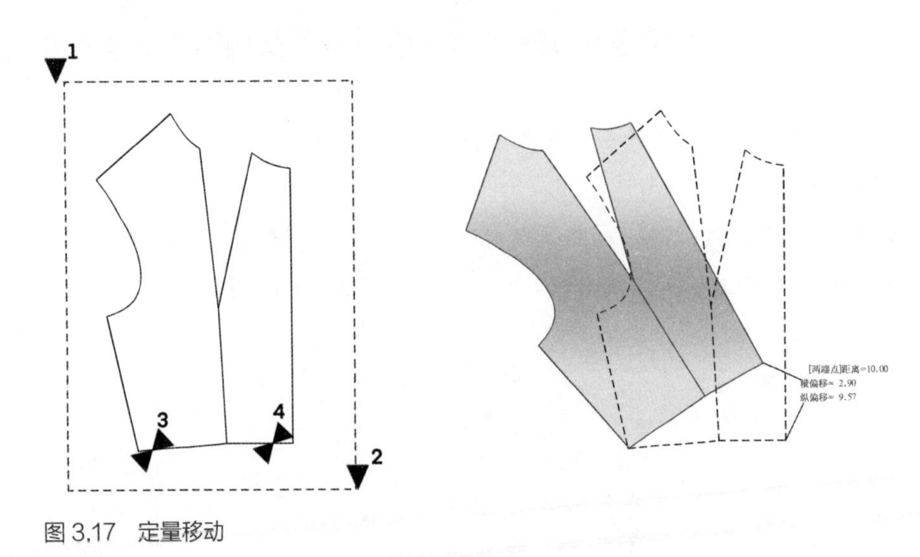

图 3.17　定量移动

（2）层间复写：选择指定要素，进行多个工作层号型的复制。

操作：首先框选要复制的对象，然后单击鼠标右键，会出现选择对话框，对话框中会显示当前所有的工作层号型。在需要复制的号型前打“√”号，即可完成复制。（图 3.18）

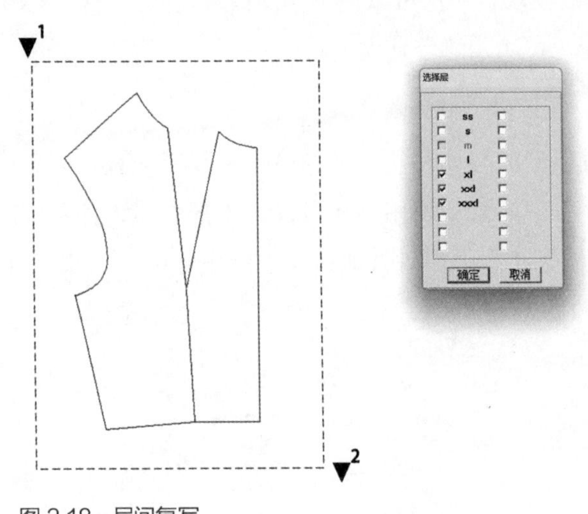

图 3.18　层间复写

（3）反转 / 两点反转（两点反转复写）：对指定要素以设定的基准两点连线，进行反转移动或要素的复制。

操作：单击两点反转命令。选择要反转的指示图形要素，单击鼠标右键；继续指示反转基准的两点，这里设定为前中心线，分别单击两点，前衣片以前中心线为基准反转到另外一侧，反转完成。（图 3.19）如果选择“两点反转复写”命令，则保留原指定要素，以两点基准线为准，反转新的要素到另一侧。另外，在操作过程中，由于指示的两点基准要素

的方向不同，因此指定要素的反转方向也会发生改变。(图 3.20)

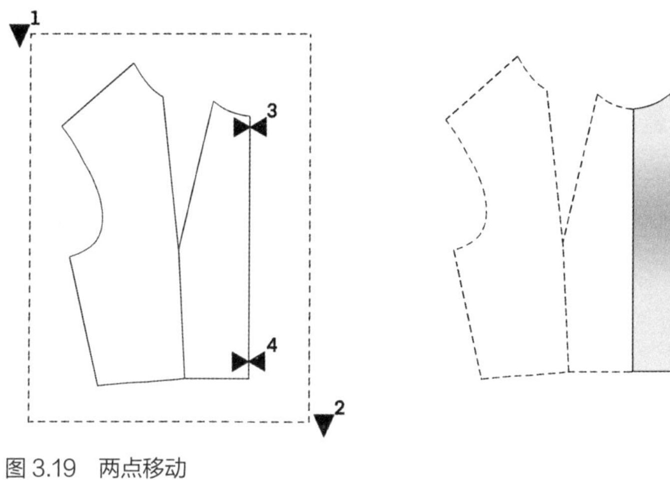

图 3.19　两点移动

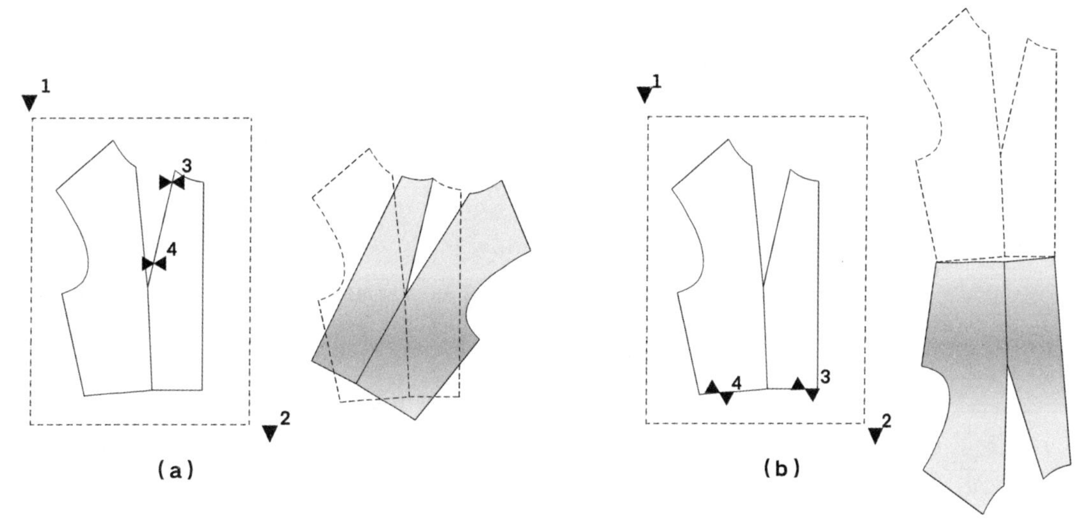

图 3.20　两点反转不同的基准线

第二节　制图功能菜单

在制图功能菜单中，作图菜单、修正菜单主要针对不同类型的点和要素进行处理，并对要素构成的角进行编辑。而纸样菜单是 NAC 服装制板系统针对服装结构制板特征设定的功能命令。

一、作图菜单

作图菜单共分为 4 个部分，第一部分是针对独立线型绘制的 7 个命令，属于常用命令，在前文的快捷命令中已有介绍。第三部分是针对要素特性设置的命令，在前文中也基本介绍完毕。接下来，将对其他命令进行逐一介绍。（图 3.21）

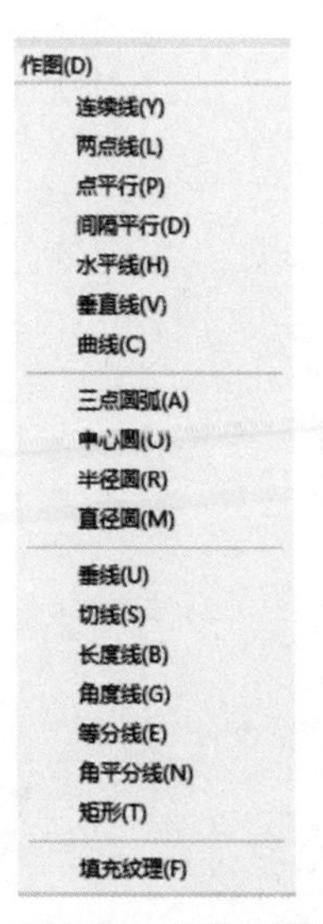

图 3.21　作图菜单

（1）三点圆弧：通过指示 3 个点绘制圆弧。

操作：绘制三点的位置，决定圆弧的形态。三点的位置平滑，则圆弧平顺；三点的位置起伏大，则圆弧造型饱满，接近完整圆的造型。（图 3.22）

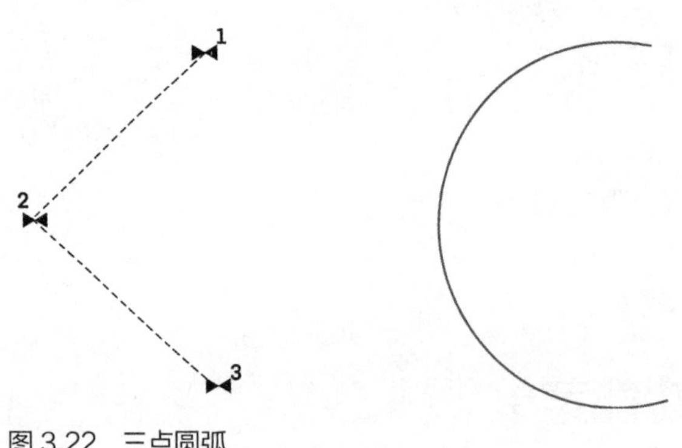

图 3.22　三点圆弧

（2）中心圆：设定任意位置为圆心，并确定圆周上的一点作圆。

操作：单击任意位置点，将其作为圆心，确定画圆的位置。然后将鼠标拖拽到任意一点单击，这两点之间的距离为所要画的圆的半径。因此，拖拽鼠标的距离，决定圆的大小。（图 3.23）

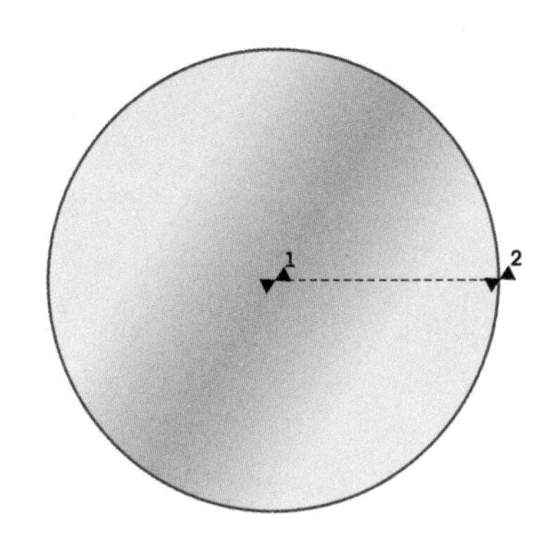

图 3.23　中心圆

（3）半径圆：根据指定的半径数值，进行圆的绘制。

操作：单击半径圆命令，在输入框中输入圆的半径“10”，按【Enter】键，在操作界面的适当位置单击，确定圆心，完成圆的绘制。（图 3.24）

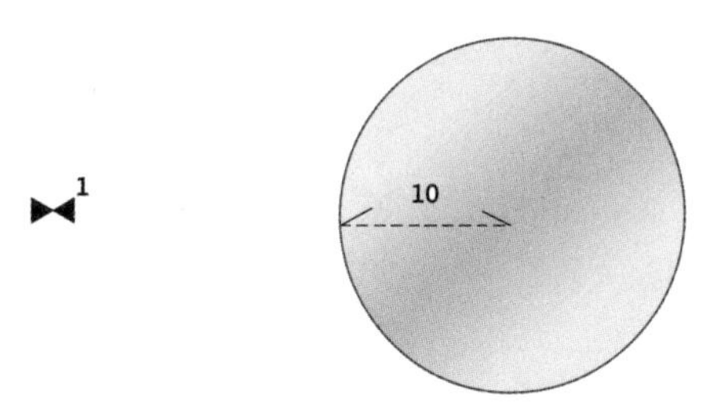

图 3.24　半径圆

（4）直径圆：根据指定的直径长度，进行圆的绘制。

操作：单击直径圆命令，在操作界面内，点击确定两点，这两点之间的距离是需要绘制的圆的直径。（图 3.25）

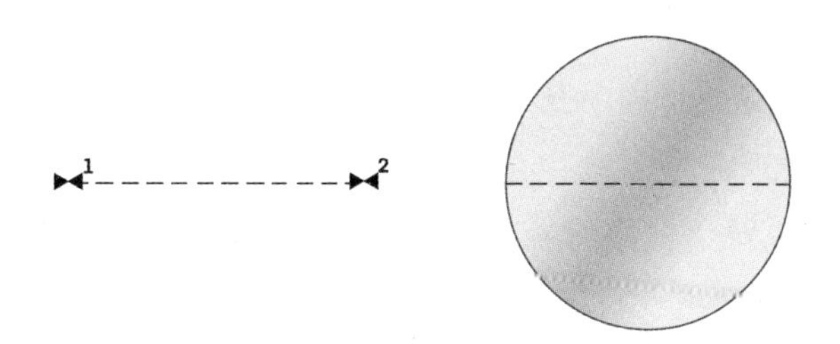

图 3.25　直径圆

（5）切线：在指定要素上，选择定点，作指定数值的切线。

操作：单击切线命令，按住鼠标左键指示基准要素，在输入框中输入切线的长度“10”，按【Enter】键，指示切线的通过点，这时可以切换到投影点命令，然后在指定要素的任意位置单击，最后指示切线的延伸方向，在任意点单击，完成切线的绘制。（图 3.26）

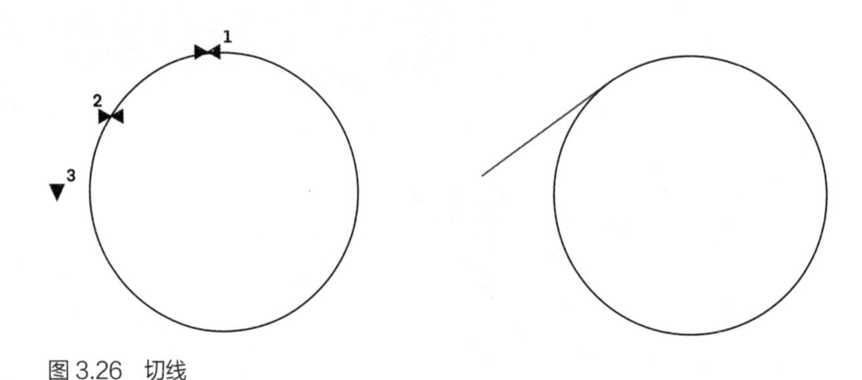

图 3.26 切线

（6）等分线：作指定两条要素之间的等分线。

操作：单击等分线命令，按住鼠标左键分别指示进行等分的两条要素，该步骤操作的重点是指示两条要素的同方向端点；然后在输入框中输入等分数，这里输入数值“6”，按【Enter】键，等分线操作完毕。（图 3.27）

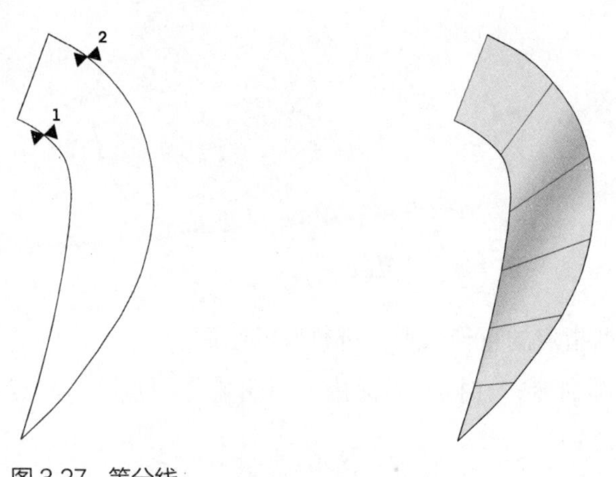

图 3.27 等分线

（7）填充纹理：在指定图形内填充纹理。

操作：单击填充纹理命令，按住鼠标左键框选指定的封闭图形，会弹出“选择纹理”对话框。（图 3.28）对话框中有 6 种纹理供选择，单击选择合适的纹理图形，然后在纹理间距输入框中输入数值，自行设定纹理形态，设定后单击【确定】按钮完成操作。（图 3.29）

图 3.28 “选择纹理”对话框

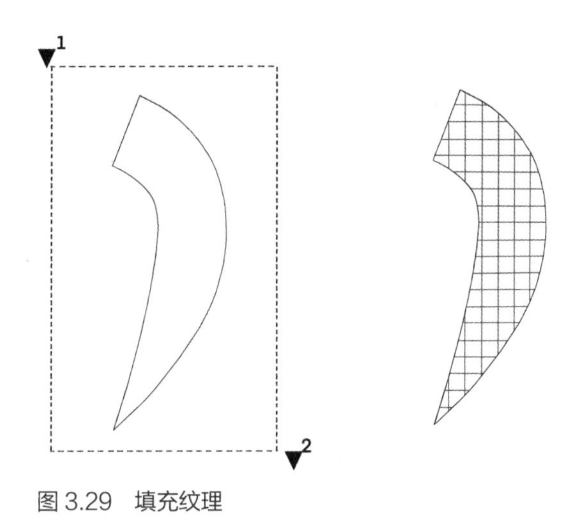

图 3.29　填充纹理

二、修正菜单

修正菜单共有 6 个区域的命令，主要功能是对不同属性的线型进行编辑、绘制，以及协调要素之间、要素同画面之间的关系。部分命令为常规高频使用的命令，前文已有介绍，可以对照查看，熟悉不同工具的使用方法及其与其他工具的协调。（图 3.30）

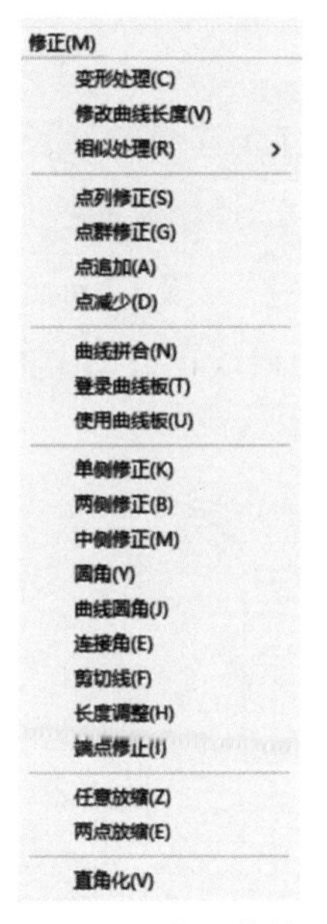

图 3.30　修正菜单

（1）变形处理：对指定要素的指定位置作变形处理，与另一要素进行对接。可用于作起翘、过面等。

操作：底摆起翘变形处理。单击变形处理命令，首先指示要变形的底摆线；然后指示变形位置点，单击底摆线靠近侧缝线方向的端点；最后在输入框中输入要移动的量，在这里输入“1.5”，然后按【Enter】键，再单击侧缝线底摆方向，这里是底摆端点与侧缝线的交点位置，变形处理完成。这时还可以选择之前介绍的点列修正工具，对变形后的底摆线作进一步调整。（图 3.31）

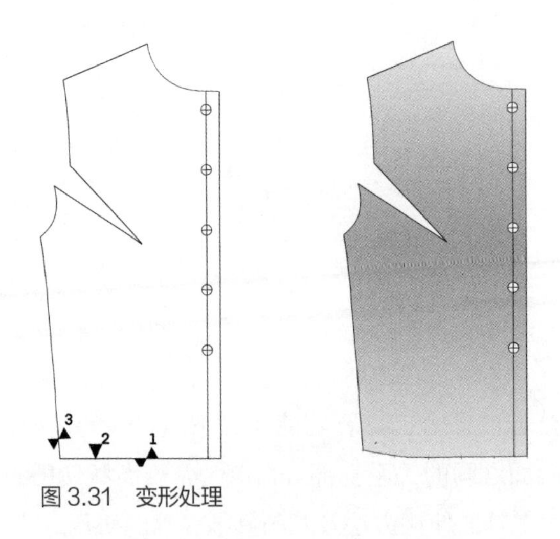

图 3.31　变形处理

（2）修改曲线长度：对指定曲线要素的长度进行修改。主要是对曲线整体造型进行微调。

操作：修改前片领围曲线造型。首先选择要素长度命令，单击领口曲线，显示长度为“14.59”，预计将该长度调整为“14”。选择修改曲线长度命令，单击领口曲线，然后在输入框中输入修改后的长度，这里输入“14”，按【Enter】键。如图 3.32 所示，可以看到修改后，带有红色调节点的领口线和之前领口线在造型上的变化。

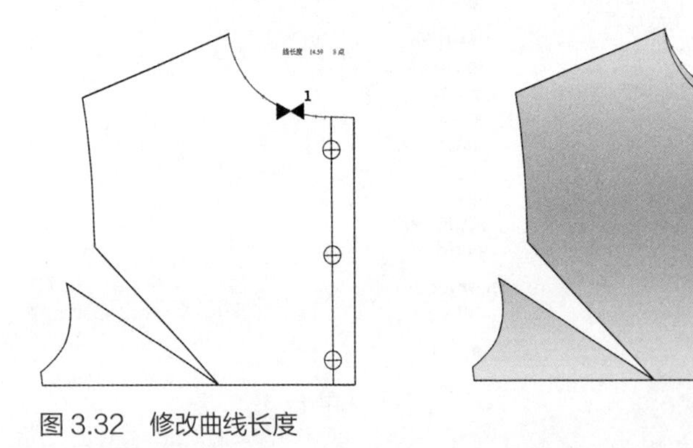

图 3.32　修改曲线长度

（3）相似处理 / 相似曲线：依据现有曲线造型，对指定要素进行变形处理，使两条曲线在变换后造型相似。

操作：依据原领口弧线对虚线造型进行相似处理。单击相似曲线命令，首先指示参照曲线，单击前领口弧线；然后指示需要变形的曲线，这里继续单击虚线要素，最后单击鼠标右键，相似曲线完成。如图 3.33 所示，可以看到红色完成线和处理之前的曲线的对比变化，也可以使用“点列修正”工具，对曲线造型作进一步调整。

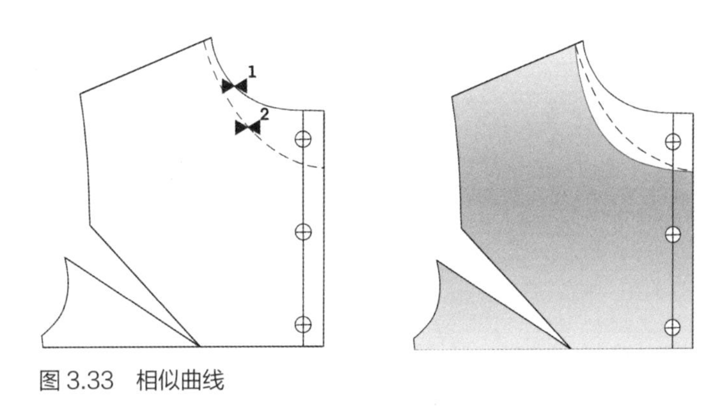

图 3.33 相似曲线

（4）相似处理 / 两点相似：指示需要绘制曲线的两个端点，参照现有曲线造型，进行绘制。

操作：绘制定值领口曲线。单击两点相似，首先单击前领口弧线，确定其为参照曲线；然后确定需要绘制曲线的两个端点，由于起点是从前小肩侧颈点向内 1.5cm 处，因此在输入框中输入“1.5”，按【Enter】键，单击前小肩斜线；然后指示终点，由于终点为前中心线上，前颈点下 3cm 处，因此在输入框中输入“3”，按【Enter】键，单击前中心线。两点相似曲线完成。（图 3.34）

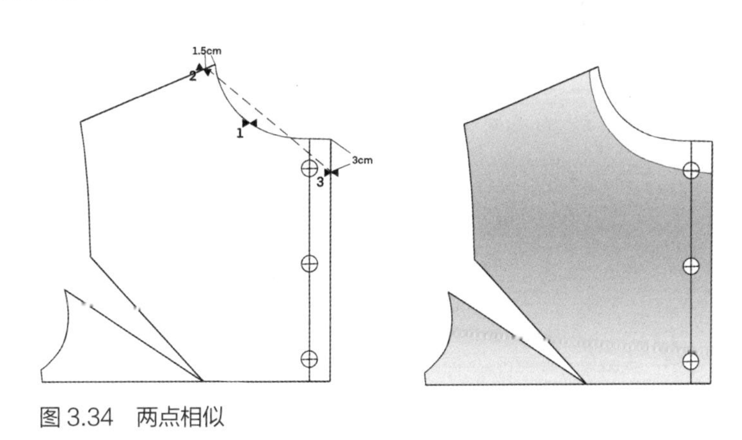

图 3.34 两点相似

（5）相似处理 / 端移动复制：将指示要素的端点复写到新端点，新要素与原要素相似，指定要素仍保留在原处。

操作：前侧颈点扩大，绘制新领口弧线。单击端移动复制，首先指示要素的移动端，这里先单击领口弧线靠近侧颈点的位置，再单击鼠标右键；然后指示新端点，由于扩大前领口宽 1.5cm，因此在输入框中输入“1.5”，按【Enter】键，单击小肩斜线靠近侧颈点的位置。新领口弧线绘制完毕，红色部分为前领口弧线，端移动操作完成。(图 3.35)

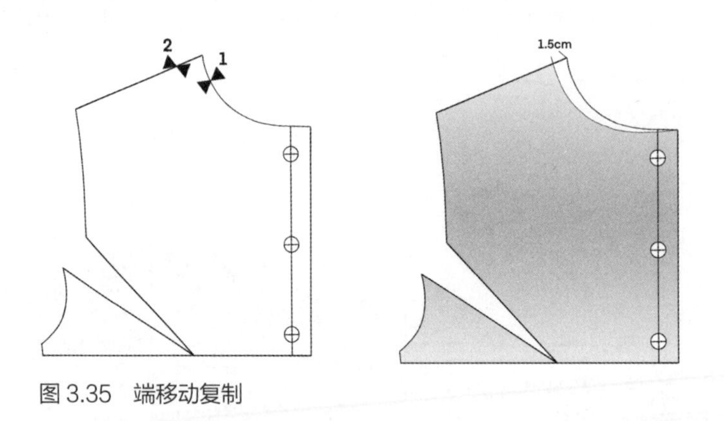

图 3.35　端移动复制

(6) 点群修正：改变指定要素上的点，联动整条要素上的点，使要素造型按原比例改变。点群修正命令区别于点列修正命令，点列修正命令一次只能调整一个点，其他点不会改变。

操作：修改前领口曲线。单击点群修正命令，指示要修正的曲线。先单击前领口弧线，再指示移动的点，这里单击侧颈点，然后沿箭头方向，移动侧颈点到新的位置，也就是图 3.36 中▼2 到▼3 的位置，会发现前袖笼曲线整体发生移动，可以新的位置点重新修正前领口曲线，点群修正操作完成。

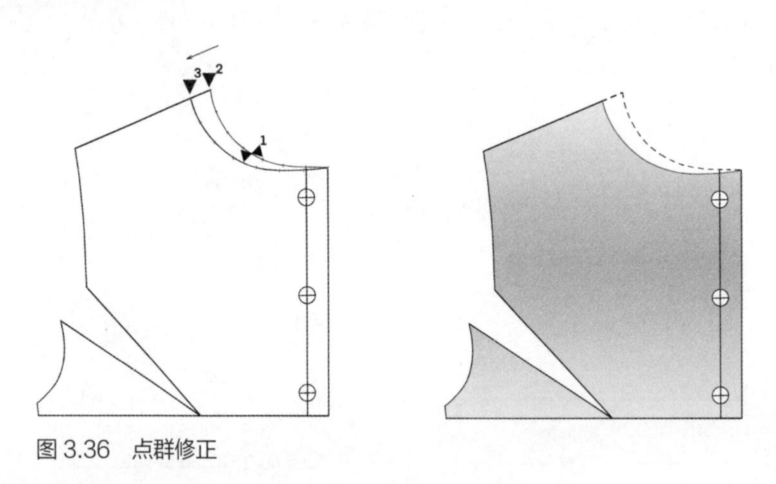

图 3.36　点群修正

(7) 点追加：对指定曲线追加点数，便于对造型进行调整。

操作：单击点追加命令，按住鼠标左键指示要追加点的曲线；然后在需要追加点的位置再次单击，每次添加点都要先对曲线进行指示确认，直到操作完成。单击鼠标右键结束命令。如图 3.37 所示，需要追加点的要素在之前是 8 个点，执行点追加命令后是 9 个点。

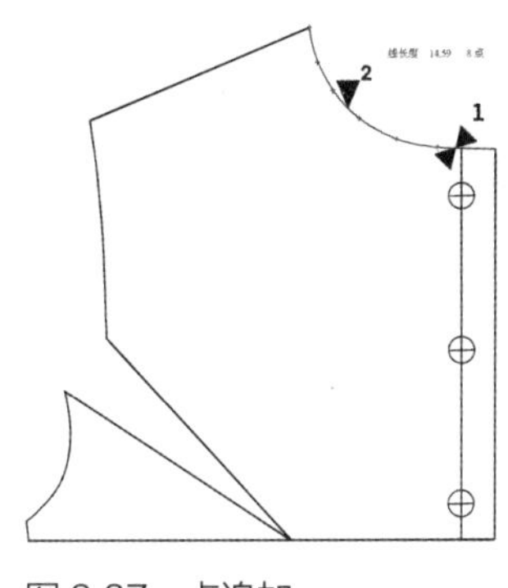

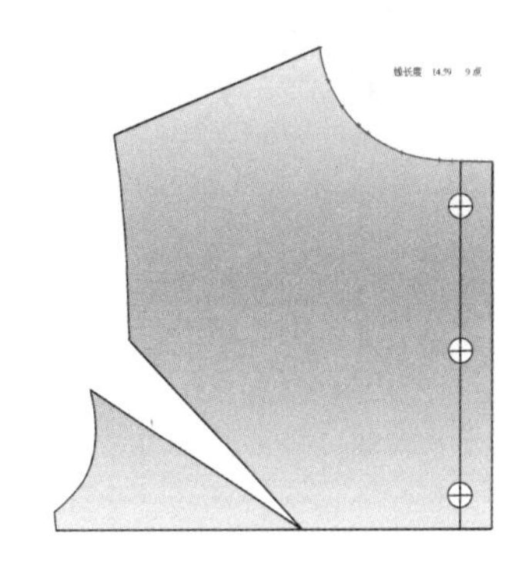

图 3.37　点追加

（8）点减少：用于减少指定曲线的点数。操作同“点追加”。

操作：单击点减少命令，指示要减少点的曲线，单击需要减少的点，该点即消失。

（9）登录曲线板：对常用的曲线进行命名，记录到曲线板中。

操作：单击登录曲线板，单击需要记录的曲线，选中后在输入框中输入曲线名称，这里输入“N123”，按【Enter】键，即可将该曲线保存到“常用曲线一览”中。（图 3.38）

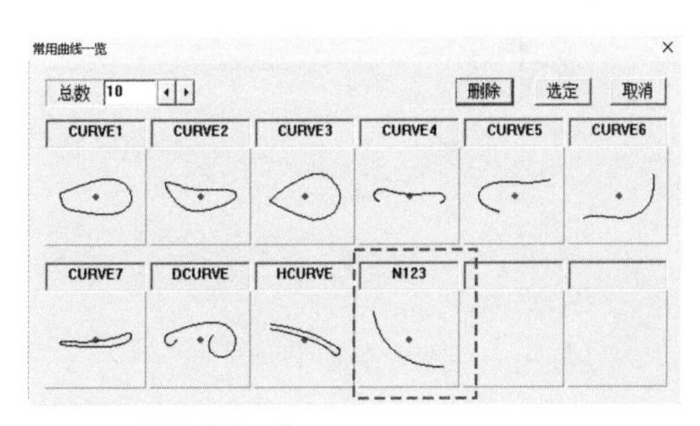

图 3.38　常用曲线一览

（10）使用曲线板：使用已存储的曲线造型，对现有板型的曲线进行调整。这相当于数字形式的曲线板工具。

操作：选取使用曲线板命令。框选需要进行曲线调整的图形部分，由于这里是对领口线进行调整，因此框选前领口，如图 3.39 中（a）部分所示。选中后会弹出“常见曲线一览”操作面板，在其中选择合适的曲线造型，选定后会弹出如图 3.40 所示的曲线板，可作进一步调整。在曲线板中，中间为调整视图区，可以看到之前选定的曲线造型浮移在画面当中，在画面合适的位置单击，确定位置。视图下面为工具和使用提示框，可了解当前工具的使用状态。右侧为工具区，主要包括上部的曲线角度调整工具和下部的曲线截取工具。调整完毕，使用截取工具单击需要截取的两点，该区域的曲线就会保留到板型上，图 3.39（b）部分中的红色曲线为修改后的曲线造型状态。关闭曲线板，调整完成。

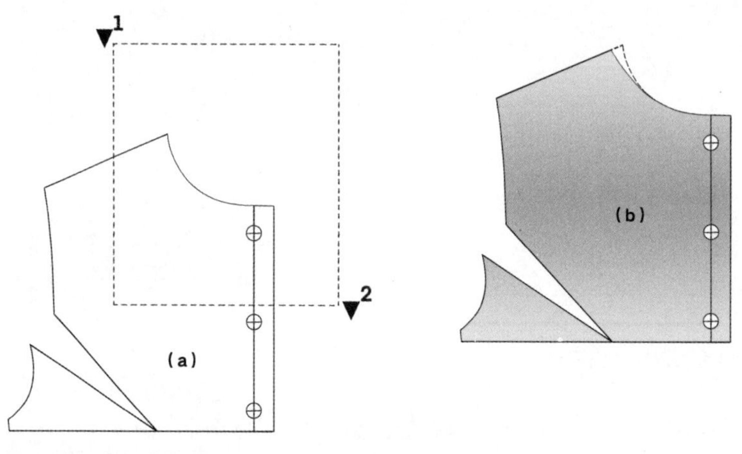

图 3.39　使用曲线板

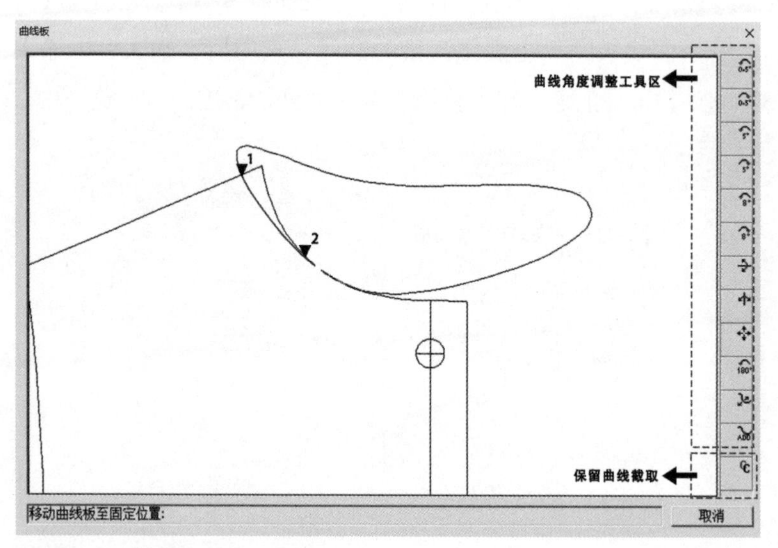

图 3.40　曲线板

（11）中侧修正：将指定偶数个切断线之间的若干要素删除。

操作：单击中侧修正命令，依次指示图中穿过红色曲线的要素，这些要素为切断线，设定为偶数个，单击鼠标右键完成操作；继续指示被切断要素，这里框选红色曲线，框选意味着可以设定多个被切断要素，使之同时被切断，单击鼠标右键完成操作。单击“再表示”命令，会出现最后的删除状态。（图 3.41）

（12）曲线圆角：指定具体位置，对构成角的两个曲线进行圆角处理。

操作：侧缝和底摆圆角处理。单击曲线圆角命令。首先单击第一条构成角的要素，这里单击侧缝线，然后选择成圆角的起始位置，再次单击确认位置；继续确认第二条构成角的要素，这里单击底摆线，接下来选择该要素成圆角的起始位置，再次单击，圆角形成，即图 3.42 所示的红色圆角。

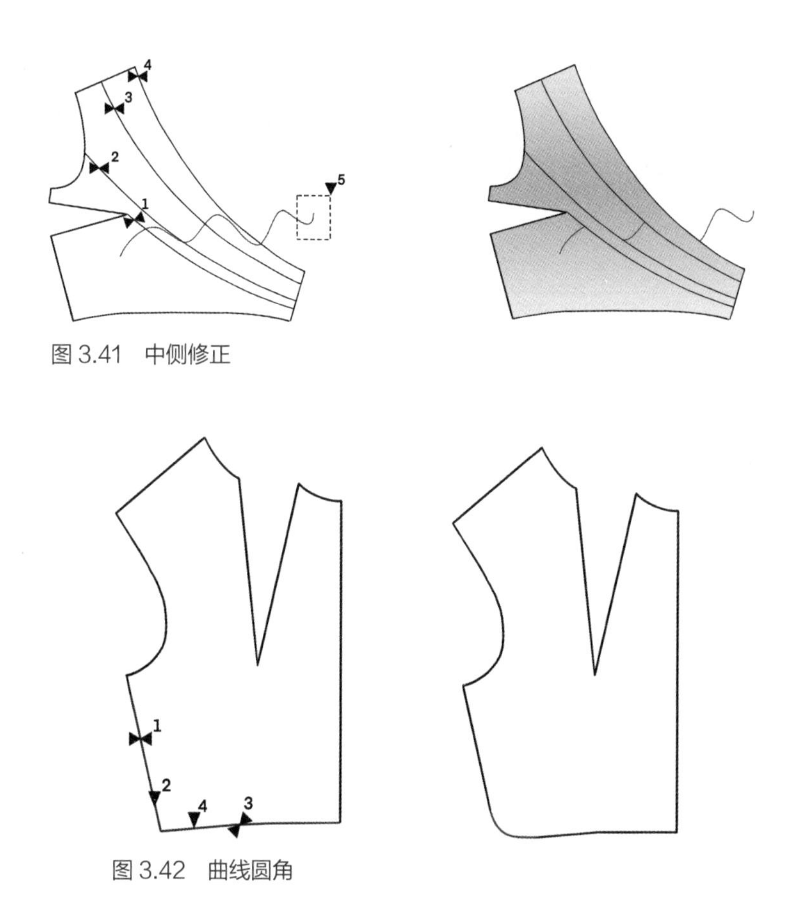

图 3.41　中侧修正

图 3.42　曲线圆角

（13）端点修正：对指定端点作任意方向和数值的移动。

操作：领省省尖的移动。单击端点修正命令，这里框选省尖；然后到指定位置单击，或者在输入框中输入 dx/dy 的移动量，省尖偏移，端点修正完成。（图 3.43）

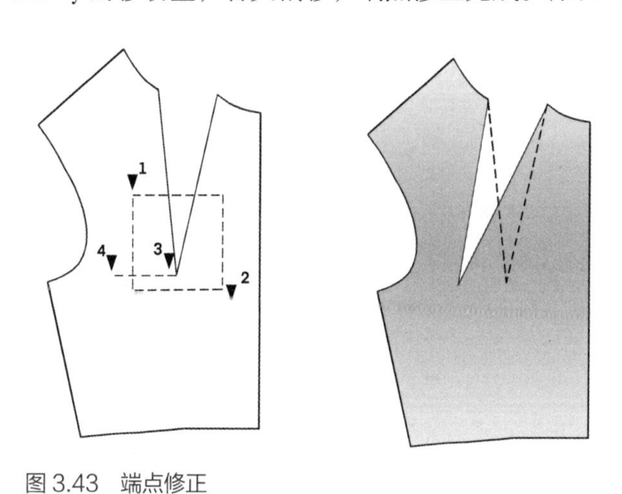

图 3.43　端点修正

（14）任意放缩：将指定的图形按横纵坐标进行放缩。

操作：单击任意放缩命令，指定放缩要素，这里框选衣片，单击鼠标右键完成选择；

接下来确定放缩中心，在指定位置单击，输入横向放缩倍率“1.2”，按【Enter】键，输入纵向放缩倍率“1.2”，按【Enter】键，完成操作。在倍率放缩过程中，数值大于“1”为放大，数值小于“1”为缩小。(图 3.44)

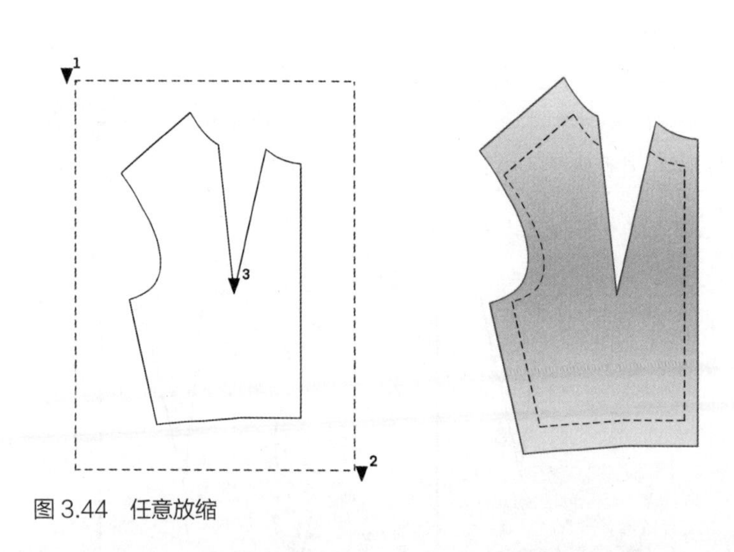

图 3.44　任意放缩

(15) 两点放缩：对指定图形，依据设定端点的距离长度，进行任意放缩。

操作：单击两点放缩命令，指示放缩要素，这里框选衣片，单击鼠标右键；指示放缩前的两个基准点，单击前中心线，指示起始两点；继续指示放缩后的基准点，这里平行前中心线，纵向绘制辅助两点，长度任意，长度长，缩放比例大，反之则小。单击鼠标右键，完成操作。(图 3.45)

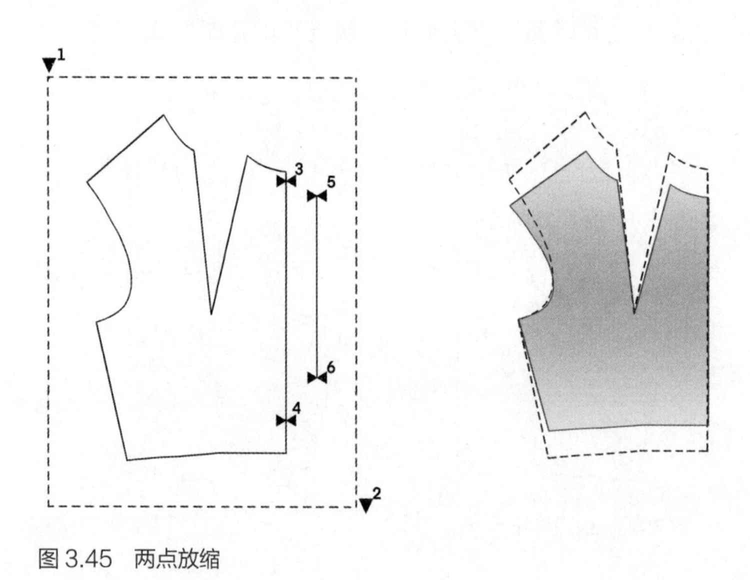

图 3.45　两点放缩

（16）直角化：对构成角的两个要素，通过指示直角位置点，调整到直角状态。

操作：单击直角化命令。指示曲线，这里单击底摆线，靠近侧缝端；继续指示基准线，这里单击侧缝线，靠近底摆端；接下来确定直角化位置点，单击底摆曲线靠近侧缝端；这时，底摆曲线显示红色可调节点，在侧缝处曲线直角化，这一步需要调节其他点，使底摆曲线平顺。调节完毕单击鼠标右键，完成操作。（图 3.46）

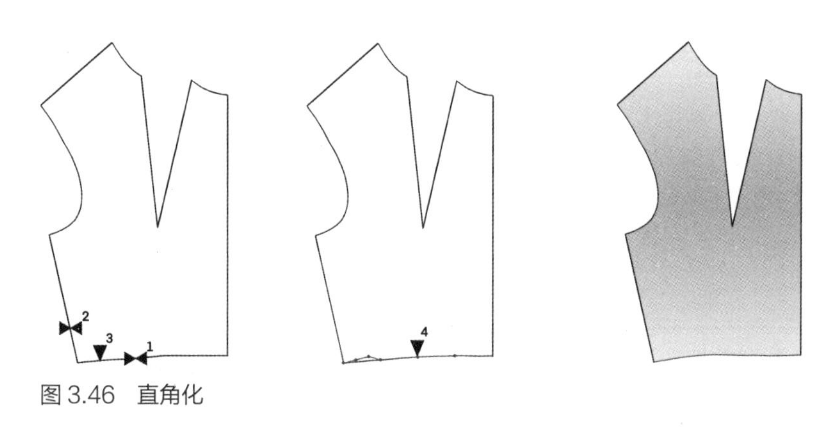

图 3.46　直角化

三、纸样菜单

纸样菜单是 NAC 服装制板系统针对服装结构设置的专业板型制作命令模块。这一模块主要完成服装工艺、服装部件、板型结构拆分重组等功能。该菜单主要包括 8 个部分，很多部分还包括二级命令，是系统的技术核心。（图 3.47）

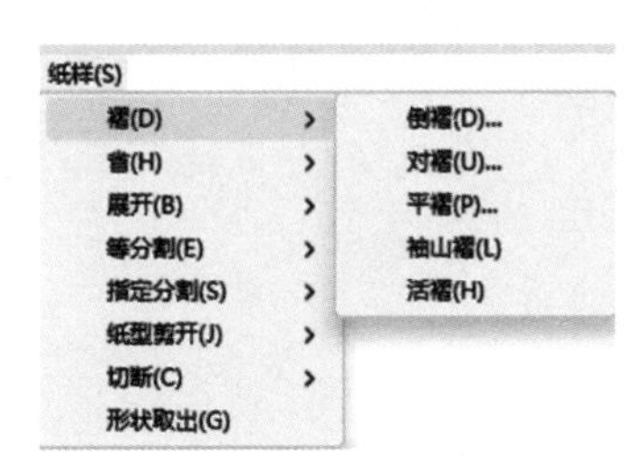

图 3.47　纸样菜单

（1）褶 / 倒褶：制作倒褶。

操作：单击倒褶，弹出如图 3.48 所示的“褶设定”对话框，选择褶方式、斜线、褶量，单击【确定】按钮完成设置。

【褶：倒褶、对褶、平褶】

散摆裙倒褶制作。首先指示领域对角两点▼1 和▼2，框选裙片；指示褶线（从固定侧开始）▸◂3 和▸◂4，单击鼠标右键；指示上部折线▸◂5，单击鼠标右键；指示下部折线▸◂6，单击鼠标右键；指示褶倒向点 ▼7；指示固定侧▼8，倒褶操作完毕。（图 3.49）

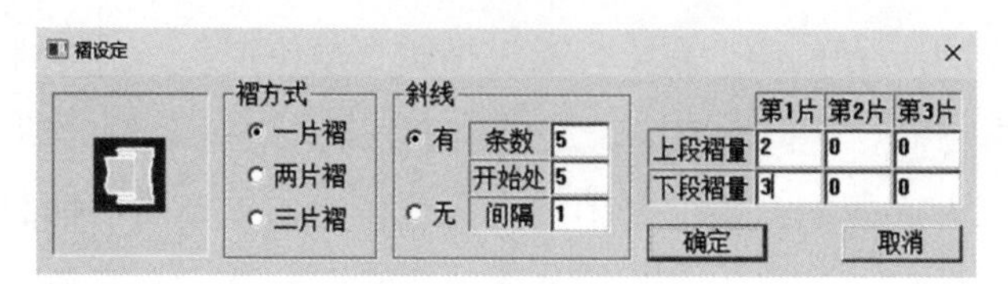

图 3.48 “褶设定”对话框

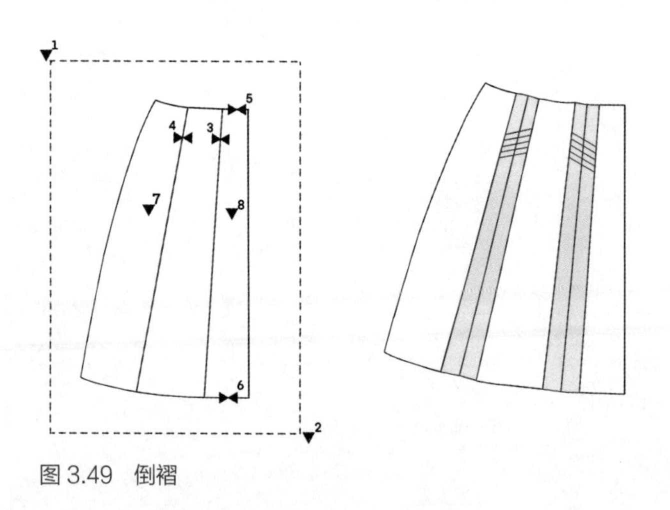

图 3.49 倒褶

（2）褶 / 对褶：制作对褶。褶设定如图 3.50 所示。操作方法与“倒褶”命令近似。（图 3.51）

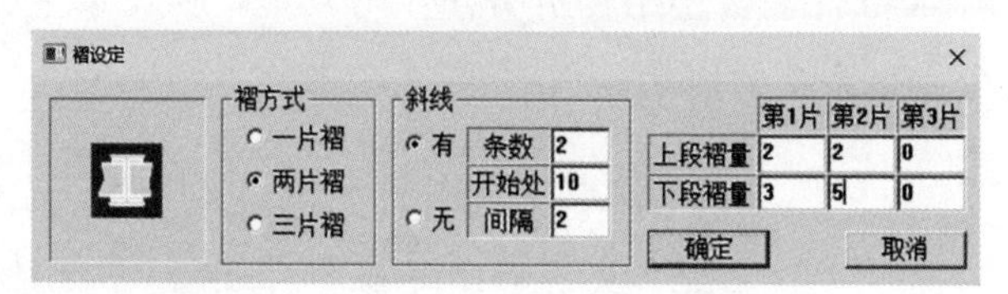

图 3.50 褶设定

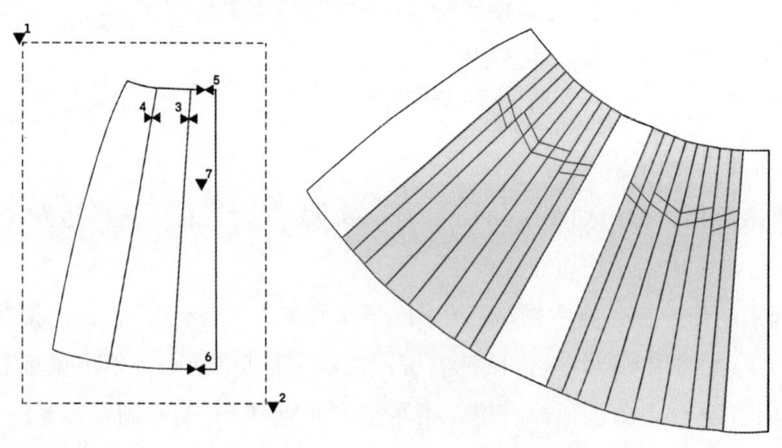

图 3.51 对褶

（3）褶 / 平褶：制作平褶。

平褶设定如图 3.52 所示。操作方法与“倒褶”命令近似。（图 3.53）

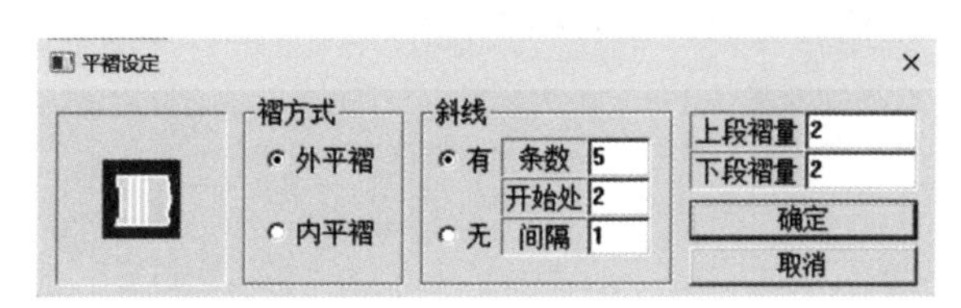

图 3.52 平褶设定

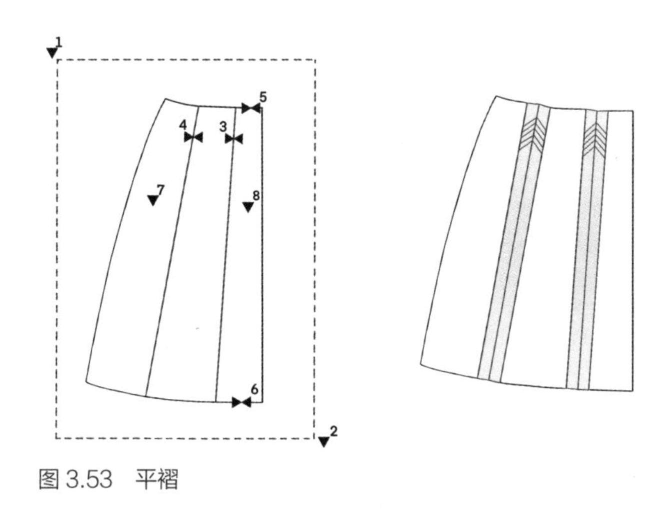

图 3.53 平褶

（4）褶 / 袖山褶：将已进行切展的袖山，完成褶裥绘制。

操作：单击袖山褶命令。在输入框中输入省道的长度“5”，按【Enter】键；再输入褶裥斜线的间隔“1”，按【Enter】键；这时需要确定倒向侧的省线和曲线▸◂1、▸◂2，指示另一侧的省线和曲线▸◂3、▸◂4，完成一个袖山褶裥的绘制，其他的以此类推。（图 3.54）

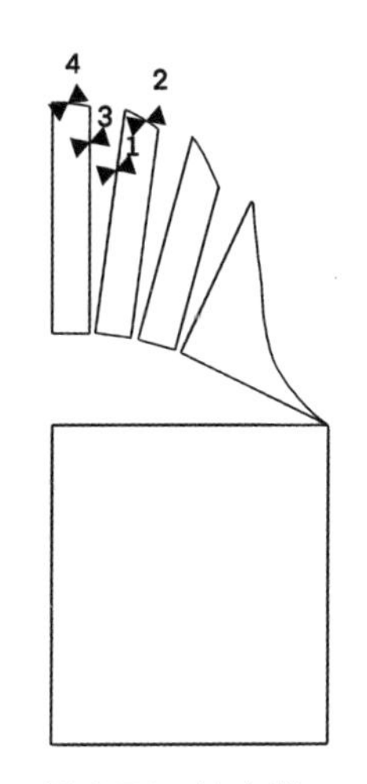

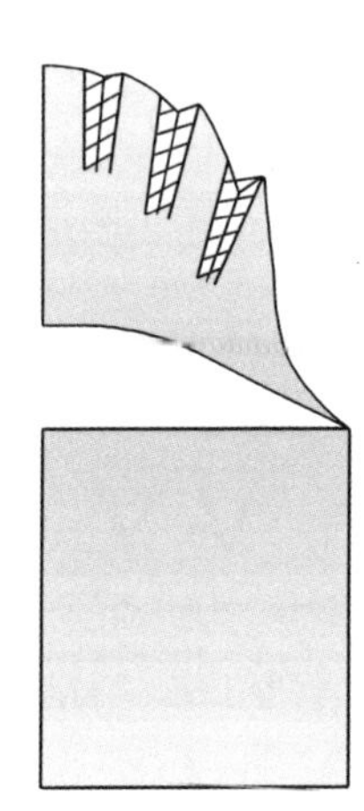

图 3.54 袖山褶

（5）褶 / 活褶：绘制褶裥。

操作：单击活褶命令，输入省道的长度“5”，按【Enter】键；输入褶裥斜线的间隔“1”，按【Enter】键；指示倒向侧的省线▸◂1，指示另一侧的省线和曲线▸◂2，完成褶裥绘制。（图 3.55）

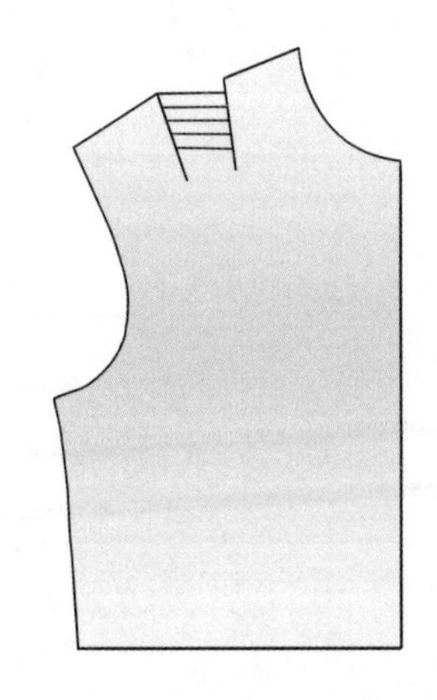

图 3.55 活褶

（6）省 / 开省：单一省道的不同表达形式。

操作：单击开省命令，会弹出“省道设定”对话框。（图 3.56）其中包括省的形态（3 种工艺的省）、展开方式（设定的省量以省中心为准，向一侧计算为单方向，两侧平分省量为双方向，同时也会使图形发生单侧移动或双侧联动）、移动方式（坐标方向及要素方向）、省量大小数值输入等，设置完毕单击【确定】按钮。首先，确定省中心线，这时单击靠近要素哪一个端点，哪一侧就是省尖位置，相反一侧则为开省位置。如果设定为单方向开省，则还要确定固定侧，并且在固定侧空白处单击，如图 3.57（a）所示。在省量为“2cm”、省的形态不变的前提下，图 3.57（b）是单方向、横向或要素方向开省；图 3.57（c）是双方向、横向开省；图 3.57（d）是单方向、纵向开省。

（7）省 / 闭省：单一省道的合并。

操作：单击闭省命令。首先确定固定侧省线，单击▸◂1；然后移动侧省线，单击▸◂2 完成闭省操作。（图 3.58）

【省：开省、闭省、圆省】

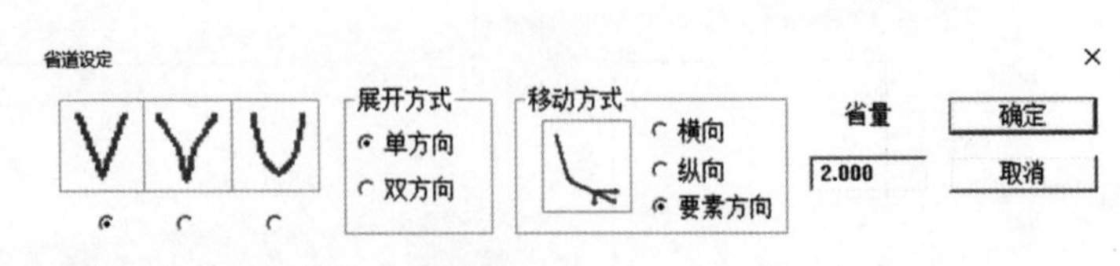

图 3.56 “省道设定”对话框

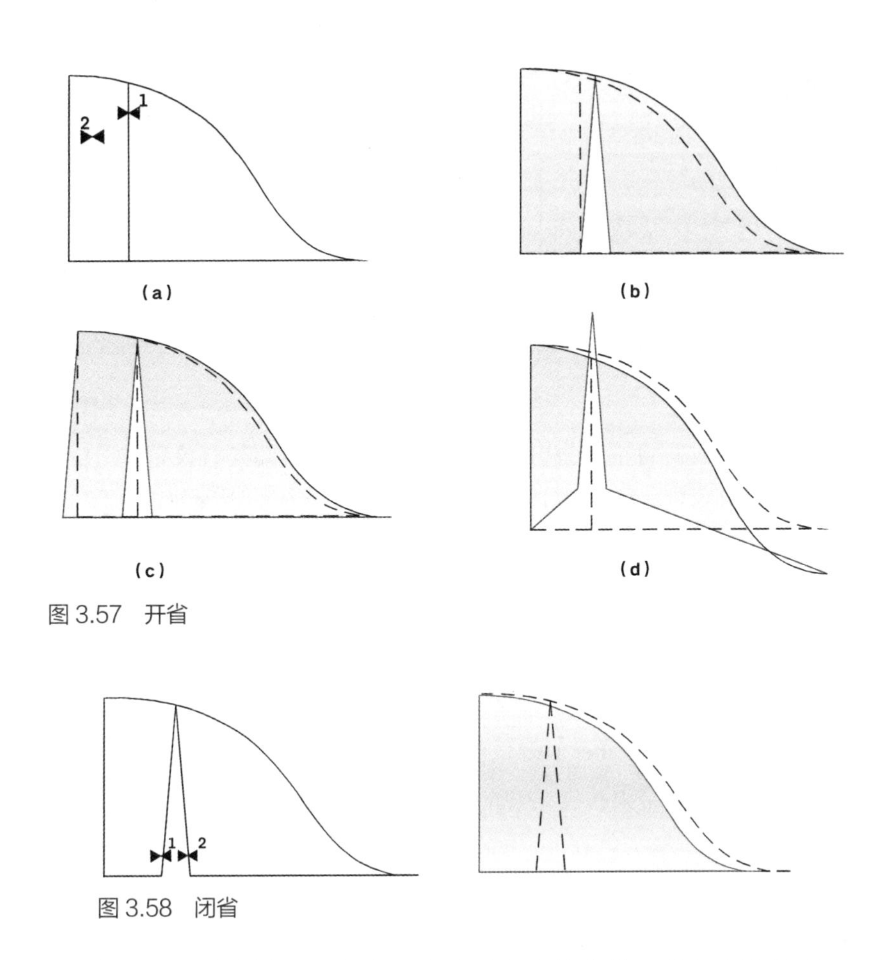

图 3.57 开省

图 3.58 闭省

（8）省 / 圆省：将标准省转成尖角省，也就是将省的直线在省尖位置处理成曲线。

操作：单击圆省命令，先分别指示省的两侧省线，然后确定省圆顺的开始点，单击任意点，省线变尖。（图 3.59）

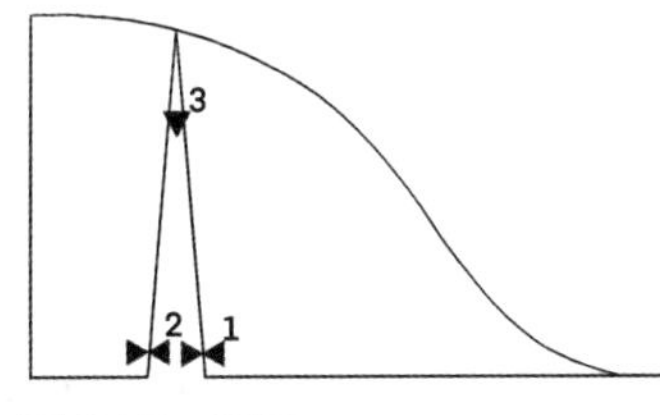

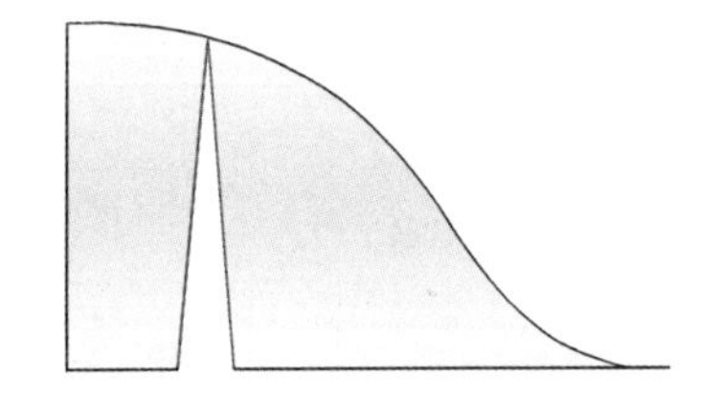

图 3.59 圆省

（9）省 / 省的圆顺：将指定省通过模拟合并，调节闭合状态下板型的外轮廓，使之协调。

操作：单击省的圆顺命令。首先确认圆顺线，即省合并两侧的曲线，这里分别单击▸◂1、▸◂2 位置；确认省线，分别单击▸◂3、▸◂4 位置；继续确认省尖内侧点，单击任意点省尖▼5；然后在输入框中输入对合后的点数，这里输入“5”；最后，对对合曲线进行造型调整▼6，调整完毕单击鼠标右键结束命令。（图 3.60）

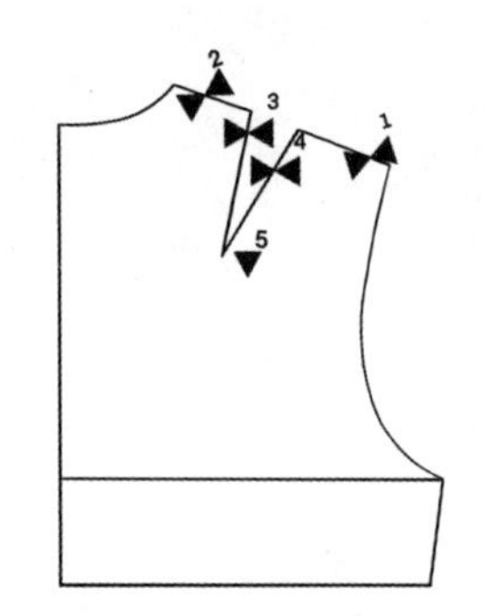
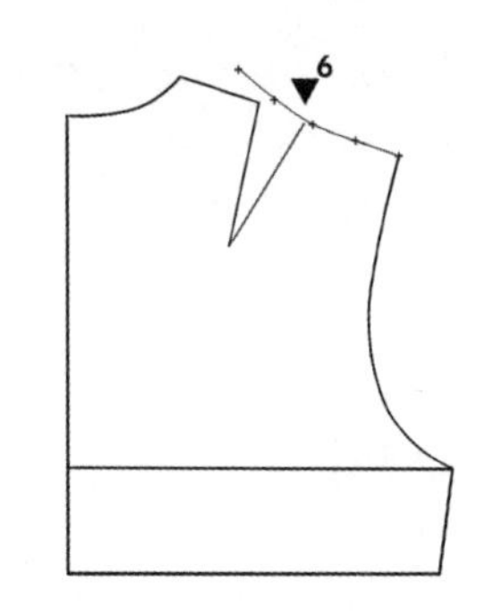
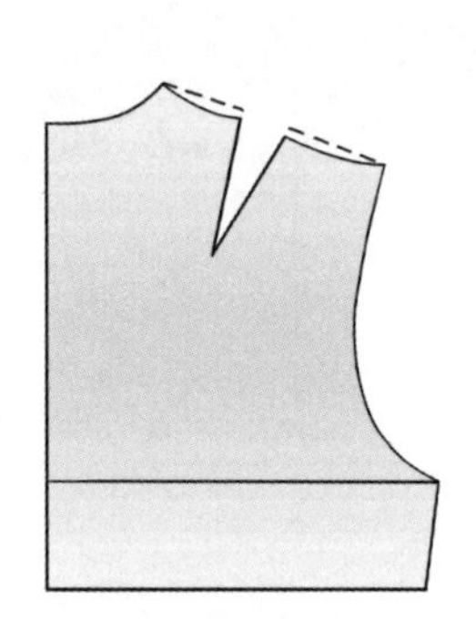

图 3.60　省的圆顺

（10）省 / 按比率移省：将指定省合并，将省量分散到新的开省位置。

操作：单击按比率移省命令。指示移动要素的领域对角两点▼1 和▼2；指示省的内侧点靠近省尖，任意点单击▼3；系统提示确认“从左开始指示 1= 切开线，2= 省，3= 终了”，这里确认是省，输入“2”，按【Enter】键，指示左侧省线▸◂4，指示右侧省线▸◂5，输入割线的比率，由于省为闭合，因此输入“0”，按【Enter】键；接下来确认切开线，输入“1”，按【Enter】键，然后指示切开线▸◂6，输入割线的比率“1”，按【Enter】键；再确认第二条切开线，输入“1”，按【Enter】键，然后指示切开线▸◂7，输入割线的比率“1”，按【Enter】键；最后输入“3”结束移省。（图 3.61）

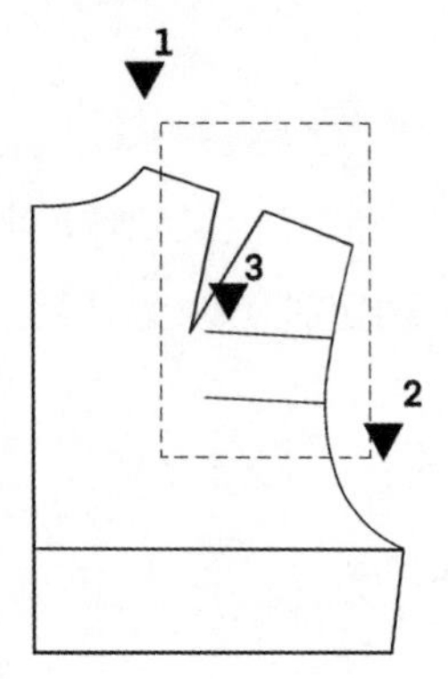
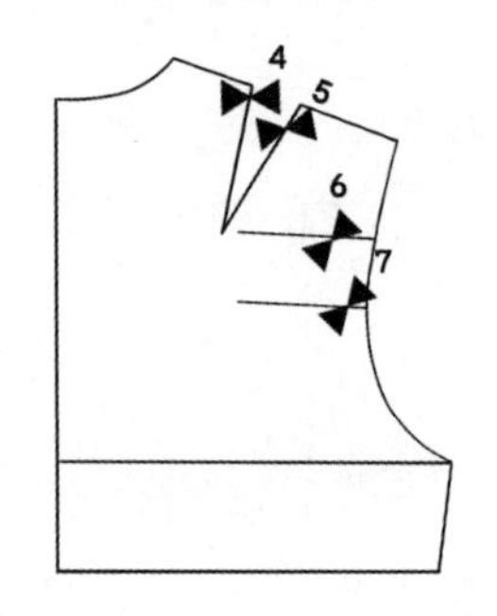
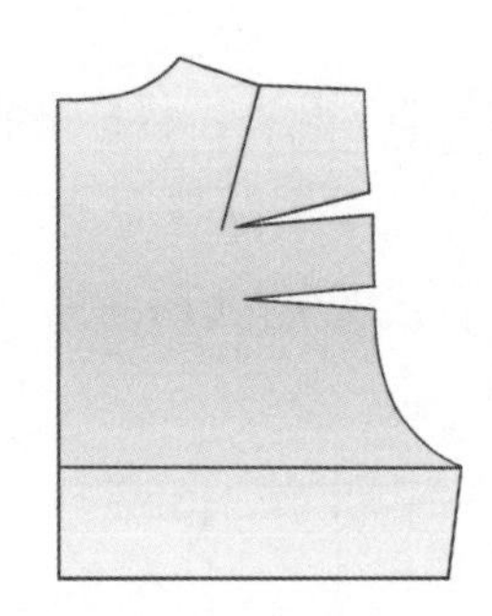

图 3.61　按比率移省

【省：按比率移省】

（11）省 / 等分移省：将指定省合并，从省尖引出基准线到指定位置，将省量等分转移到指定位置。

操作：单击等分移省命令。指示转移的要素，指示省和展开部分的对角两点▼1 和▼2，单击鼠标右键；指示转移的基准线▸◂3；接下来指示省线，先单击移动侧省线，再单击移动后省线▸◂4 和▸◂5；指示断开线▸◂6；在输入框中输入断开个数“6”，按【Enter】键，等分移省完成。（图 3.62）

【省：等分移省】

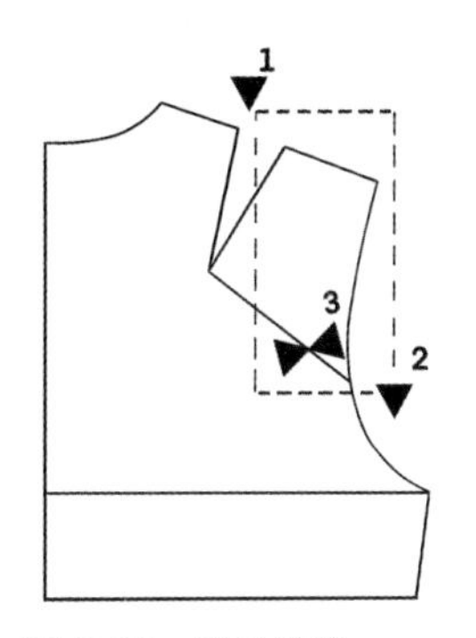

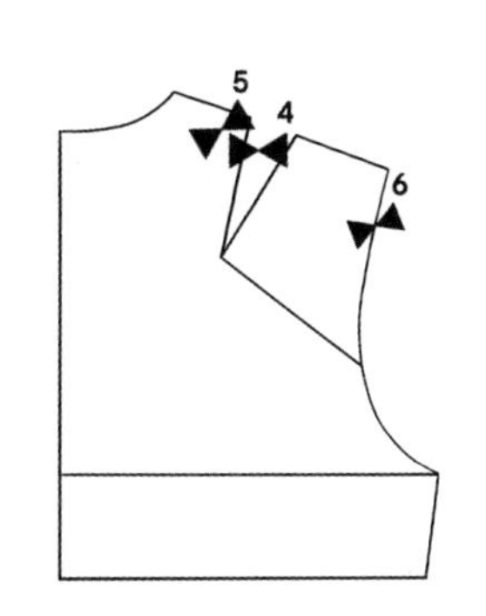

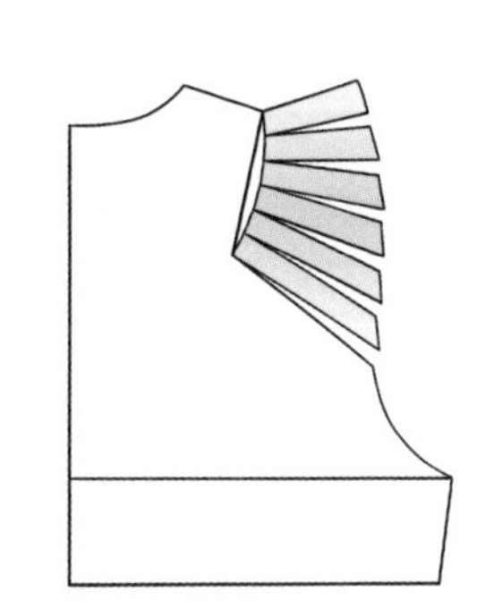

图 3.62 等分移省

（12）省 / 指定移省：作若干切开线到指定省，合并省，将省量等分转移到各切开要素上。

操作：单击指定移省命令。作切开线到指定省，指示需要移动的要素的对角两点▼1 和▼2，单击鼠标右键；指示转移的基准线▸◂3，指示省线，从移动侧到移动后侧▸◂4 和▸◂5，指示断开线▸◂6，指示剪开线（从基准线侧开始）▸◂7、▸◂8，单击鼠标右键，指定移省完成。（图 3.63）

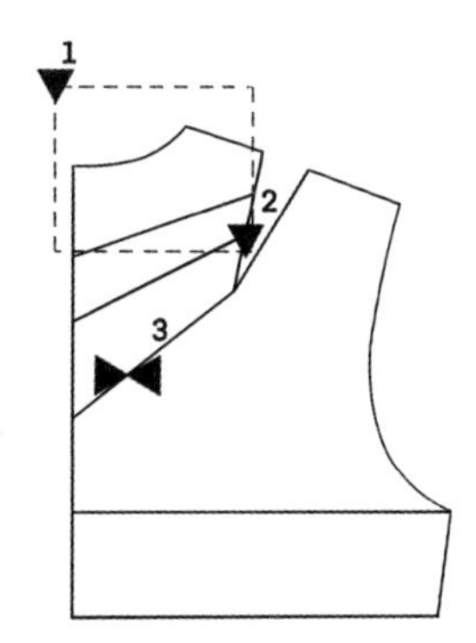

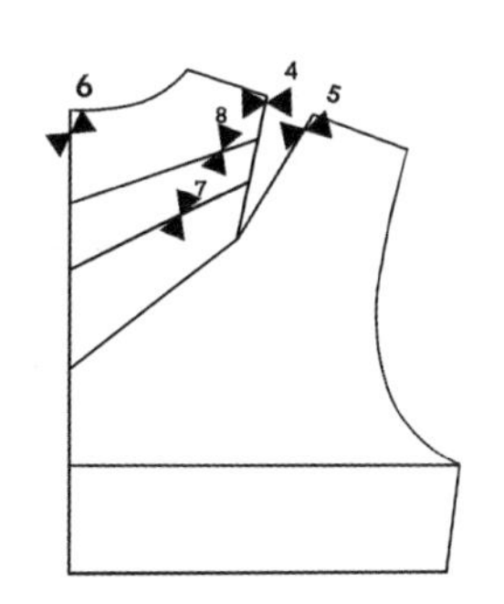

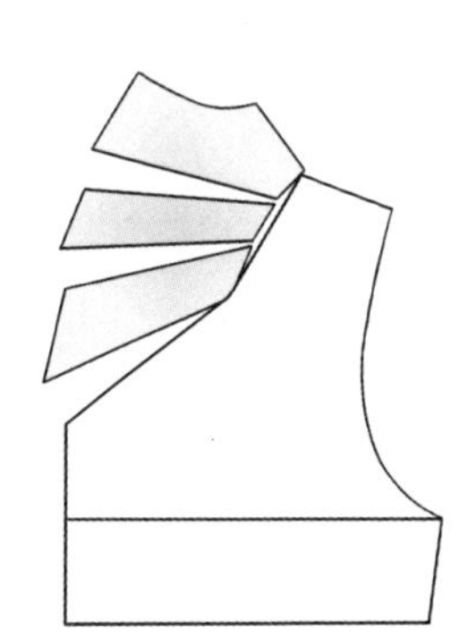

图 3.63 指定移省

（13）展开 / 两侧展开：在板型需要展开的位置，设置若干切开线，并且给定展开数值，使该位置加放均匀。该操作适用于板型加大处理，如裙子摆围、泡泡袖等结构的处理。

操作：单击两侧展开命令。指示需要展开板型的对角两点▼1 和▼2；指示分割的基准线▸◂3；指示切断线▸◂4、▸◂5、▸◂6、▸◂7、▸◂8，单击鼠标右键；输入切开量“2”，按【Enter】键；单击鼠标右键，两侧展开完成。（图 3.64）

（14）展开 / 单侧展开：由于服装结构多为对称型，因此该命令针对半幅结构作切展处理。

操作：单击单侧展开命令。指示需要展开的全部要素的对角两点▼1 和▼2；指示分割的基准线▸◂3；指示固定侧的线▸◂4；指示切断线（从固定线侧开始）▸◂5、▸◂6、▸◂7；单击鼠标右键，输入切开量“2”，按【Enter】键；单击鼠标右键，单侧展开完成。（图 3.65）

【展开：两侧展开、单侧展开】

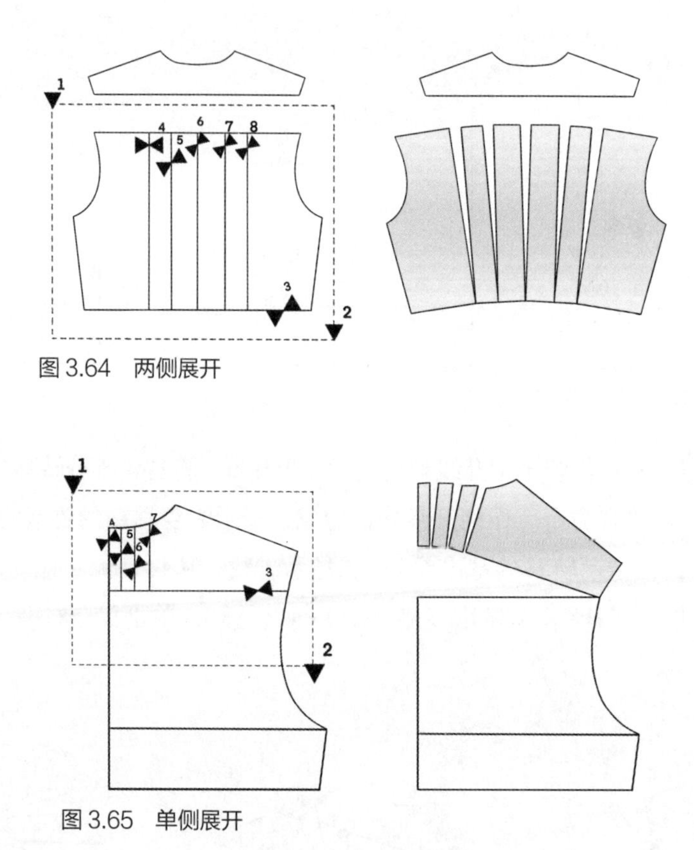

图 3.64　两侧展开

图 3.65　单侧展开

（15）等分割 /（上 / 下 / 左 / 右移动）：设定指定板型的具体位置，进行纵向、横向的分割，不需要设定分割线，给定数量、移动量，即可进行切割。

操作：单击上 / 下 / 左 / 右移动命令。指示被分割要素的对角两点▼1 和▼2；指示被分割两侧的两个要素▸◂3、▸◂4，要求同方向；输入分割数“3”，按【Enter】键；输入断开量“dx/dy”值，输入“dy4”，按【Enter】键，衣片移动完成。可进行不同 dx/dy 值的设定，观察分割变化。(图 3.66)

【等分割：上 / 下 / 左 / 右移动】

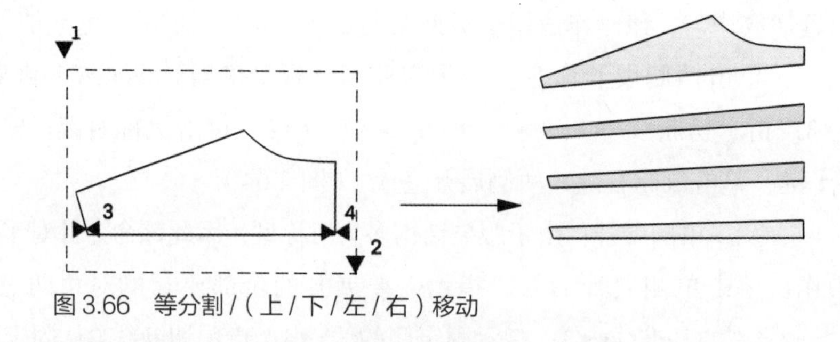

图 3.66　等分割 /（上 / 下 / 左 / 右）移动

【等分割：直角方向】

（16）等分割 / 直角方向：分割展开始终以与指定两侧要素成直角的方式进行。

操作：单击直角方向命令。指示被分割的要素的对角两点▼1 和▼2；分别指示两边的要素▶◀3、▶◀4；输入分割数“3”，按【Enter】键；输入移动量“3”，按【Enter】键；完成操作。(图 3.67)

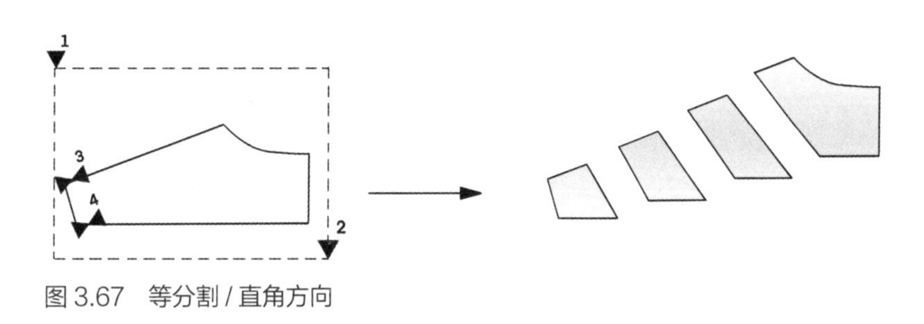

图 3.67 等分割 / 直角方向

(17) 等分割 / 角度旋转：将指定图形按给定的分割数及回转角度，进行角度旋转分割。

操作：单击角度旋转命令。指示被分割的要素的对角两点▼1 和▼2；分别指示中心侧要素和打开侧要素（从指示端分割）▶◀3、▶◀4；输入分割数“5”，按【Enter】键；输入回转角度“10”，按【Enter】键，操作完成。(图 3.68)

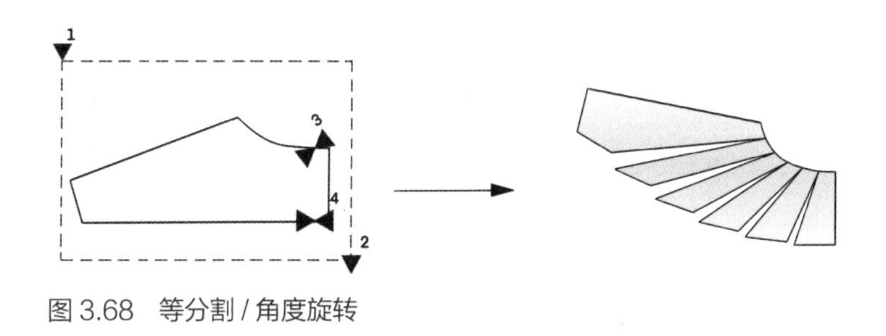

图 3.68 等分割 / 角度旋转

(18) 等分割 / 定量旋转：将指定图形按给定的分割数、移动量（长度），进行定量旋转分割。

操作：单击定量旋转命令。指示被分割的要素的对角两点▼1 和▼2；分别指示中心侧和断开侧要素（从指示端开始）▶◀3、▶◀4；输入分割数“5”，按【Enter】键；输入断开量“2”，按【Enter】键，操作完成。(图 3.69)

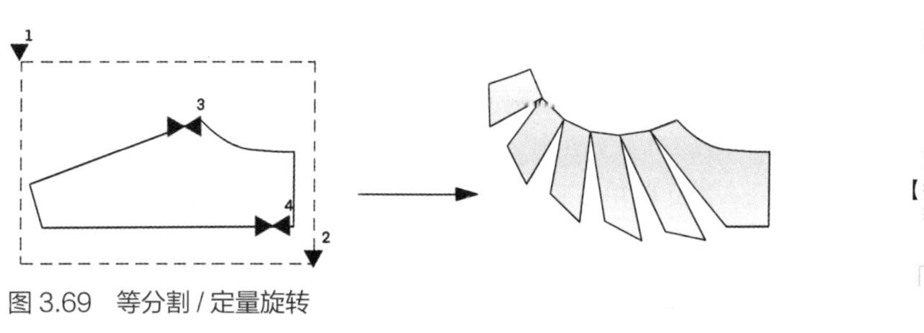

图 3.69 等分割 / 定量旋转

【等分割：角度旋转、定量旋转】

【等分割：两端旋转】

(19) 等分割 / 两端旋转：分别指定两端的断开量，将指定图形按给定的分割数，进行分割断开。

操作：单击两端旋转命令。指示被分割的要素的对角两点▼1 和▼2；分别指示中心侧和断开侧要素（从指示端开始）▸◂3、▸◂4；输入分割数“5”，按【Enter】键；输入始点开量“2”，按【Enter】键，输入终点开量“5”，按【Enter】键，图形展开，操作完成。（图 3.70）

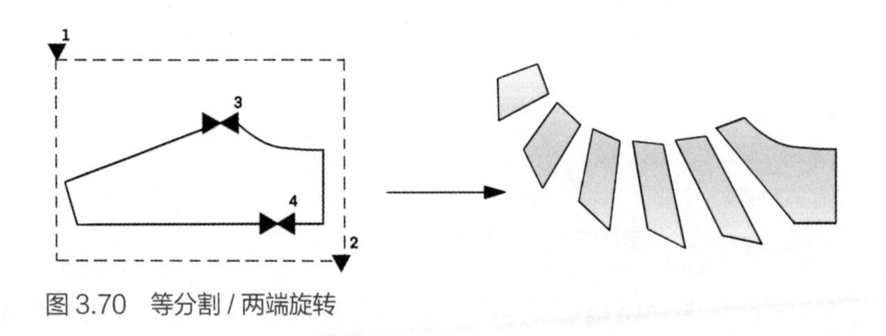

图 3.70　等分割 / 两端旋转

（20）指定分割 /（上 / 下 / 左 / 右移动）：为图形设置切断线，指定移动量，作横向、纵向移动。

操作：单击上 / 下 / 左 / 右移动，指示被分割的要素的对角两点▼1 和▼2；指示分割线（从不变侧开始）▸◂3、▸◂4，单击鼠标右键；输入断开量 dx/dy 值，输入“dx：–3”，按【Enter】键，裙片展开，操作完成。（图 3.71）

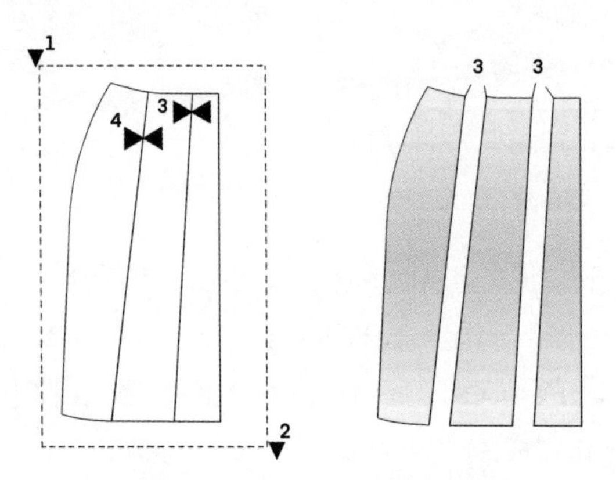

图 3.71　指定分割 /（上 / 下 / 左 / 右）移动

（21）指定分割 / 直角方向：为图形设置切断线，指定移动量，作切断线直角方向的移动。

【指定分割】

操作：单击直角方向命令。指示被分割的要素的对角两点▼1 和▼2；指示分割线（从不变侧开始）▸◂3、▸◂4，单击鼠标右键；输入移动量“3”，按【Enter】键，裙片展开，操作完成。（图 3.72）

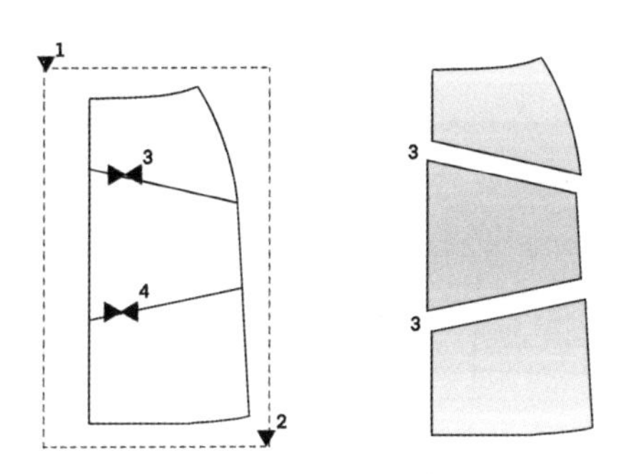

图 3.72　指定分割 / 直角方向

（22）指定分割 / 角度旋转：为图形设置切断线，指定旋转端和旋转角度，作切断线角度旋转分割。

操作：单击角度旋转命令。指示被分割的要素的对角两点▼1 和▼2；指示分割线（从不变侧及回转中心侧开始）▸◂3、▸◂4，单击鼠标右键；输入数值“5”（该处的数值，依据实际操作情况而定，为角度旋转的度数，输入数值“5”即展开 5°），按【Enter】键，完成操作。（图 3.73）

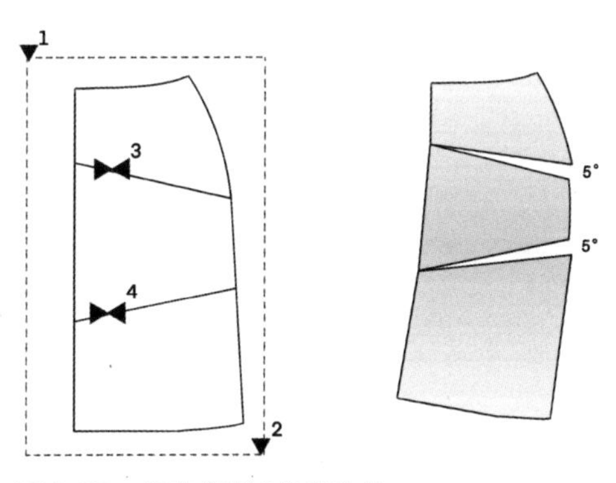

图 3.73　指定分割 / 角度旋转

（23）指定分割 / 定量旋转：为图形设置切断线，指定旋转端和旋转数值，作切断线指定数值旋转分割。

操作：单击定量旋转命令。指示被分割的要素的对角两点▼1 和▼2；指示分割线（从不变侧及回转中心侧开始）▸◂3、▸◂4，单击鼠标右键；输入数值“5”，按【Enter】键，完成操作。（图 3.74）

（24）指定分割 / 两端旋转：为图形设置切断线，指定两端断开数值，作切断线定量展开分割。

操作：单击两端旋转命令。指示被分割的要素的对角两点▼1 和▼2；指示分割线（从不变侧及回转中心侧开始）▸◂3、▸◂4，单击鼠标右键；输入起始端数值“1”，按【Enter】键；输入终端数值“3”，完成操作。（图 3.75）

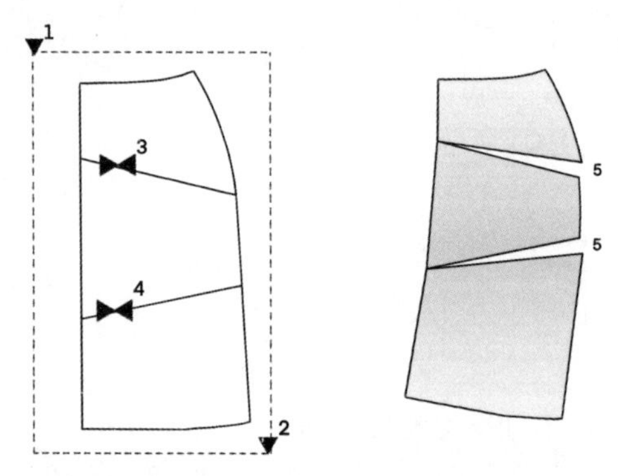

图 3.74　指定分割 / 定量旋转

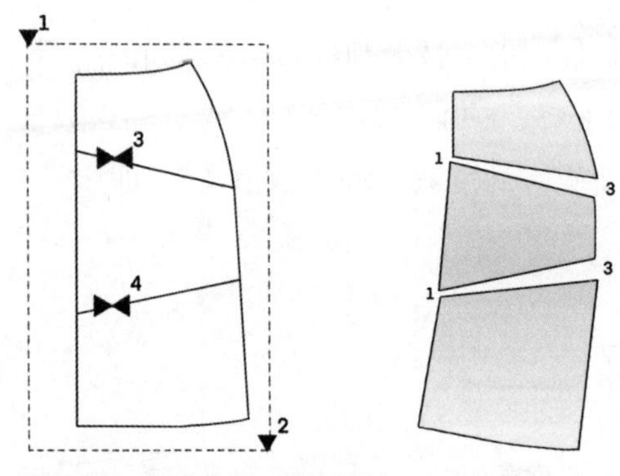

图 3.75　指定分割 / 两端旋转

（25）纸型剪开 / 直角方向：为指示图形设置单一剪开线，给定移动量，进行直角方向剪开。

操作：单击切断直角命令。指示被剪开的要素的对角两点▼1 和▼2，单击鼠标右键；指示剪开线▸◂3，单击鼠标右键；指示移动侧▼4；输入移动量“3”，分离袖片完成。（图 3.76）

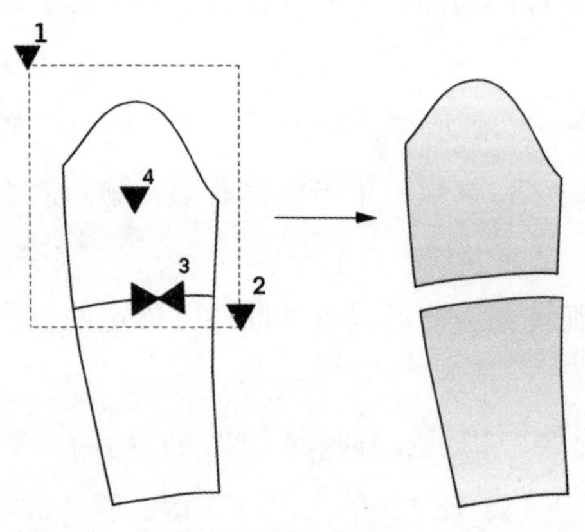

图 3.76　纸型剪开 / 直角方向

（26）纸型剪开 / 角度旋转：为指示图形设置单一剪开线，将剪开线的端点作为中心，给定旋转角度，进行剪开。

操作：单击角度旋转命令。指示被剪开要素的对角两点▼1 和▼2，单击鼠标右键；指示剪开线回转中心端▸◂3，单击鼠标右键；指示移动侧▼4；输入回转角度数值“10”，按【Enter】键，分离袖片完成。（图 3.77）

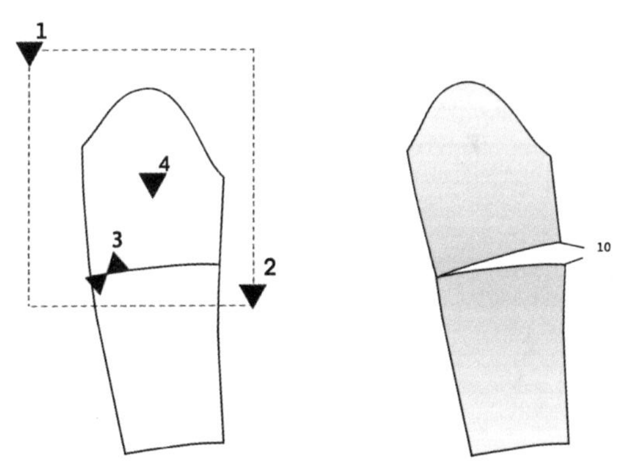

图 3.77　纸型剪开 / 角度旋转

（27）纸型剪开 / 任意旋转：为指示图形设置单一剪开线，将剪开线的端点作为中心，指示任意两点，进行剪开分离。

操作：单击任意旋转命令。指示被剪开要素的对角两点▼1 和▼2，单击鼠标右键；指示剪开线回转中心端▸◂3，单击鼠标右键；指示移动侧▼4；鼠标在空白处任意拖拽指示两点▼5 至▼6，拖拽距离决定剪开的大小，分离袖片完成。（图 3.78）

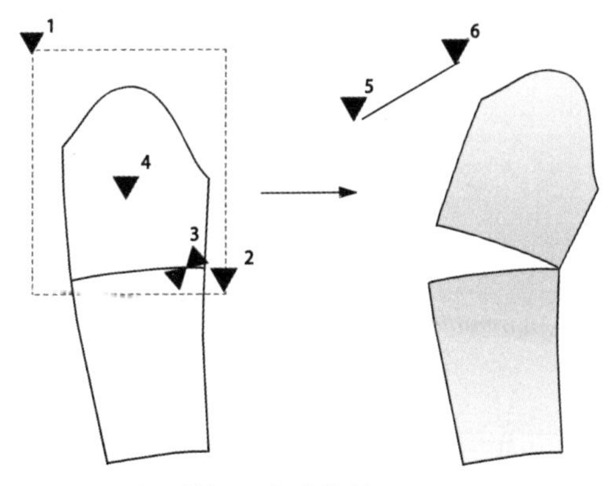

图 3.78　纸型剪开 / 任意旋转

（28）纸型剪开 / 定量旋转：为指示图形设置单一剪开线，将剪开线的端点作为中心，指定移动量，进行剪开分离。

操作：单击定量旋转命令。指示被剪开的要素的对角两点▼1 和▼2，单击鼠标右键；指示剪开线回转中心端▸◂3，单击鼠标右键；指示移动侧▼4；输入端点的移动量“4”，按【Enter】键，分离袖片完成。（图 3.79）

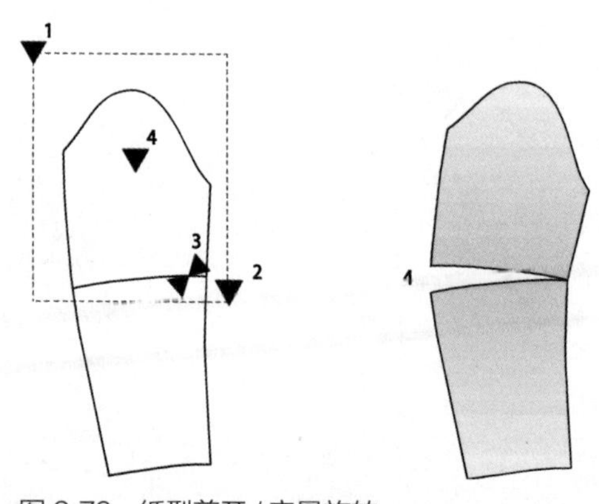

图 3.79 纸型剪开 / 定量旋转

（29）纸型剪开 / 两端旋转：为指示图形设置单一剪开线，给定剪开线两端的移动量进行剪开分离。

操作：单击两端旋转命令。指示被剪开的要素的对角两点▼1 和▼2，单击鼠标右键；指示剪开线回转中心端▸◂3，单击鼠标右键；指示移动侧▼4；输入起始点的移动量“2”，按【Enter】键，输入终点的移动量“4”，按【Enter】键，分离袖片完成。（图 3.80）

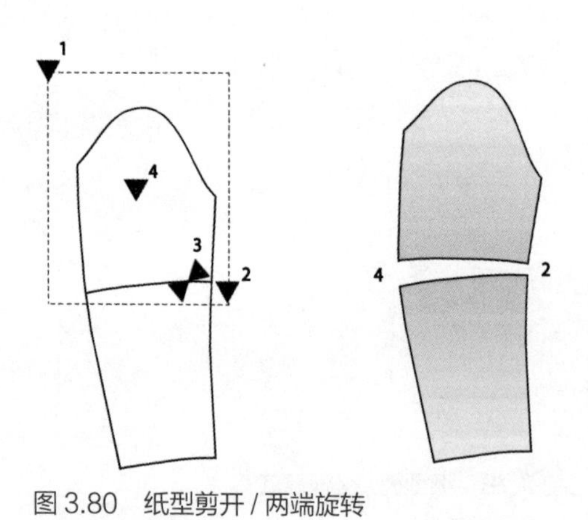

图 3.80 纸型剪开 / 两端旋转

第三节　标识功能菜单

一、文字菜单

文字菜单共有 11 项菜单功能，分为输入、编辑、文字表、删除 4 个部分，如图 3.81 所示。（部分常用命令在前文已有介绍）

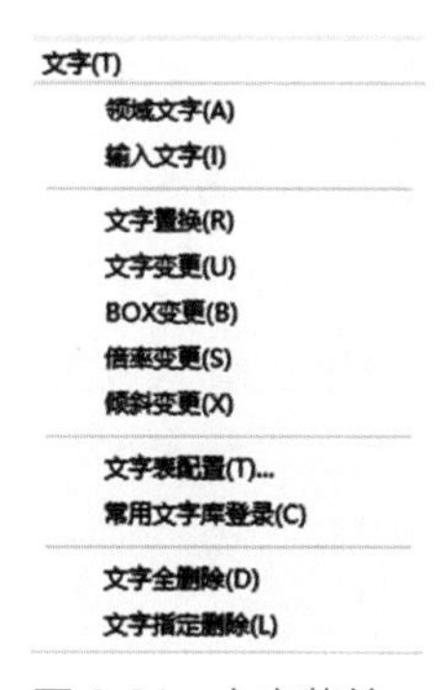

图 3.81　文字菜单

（1）领域文字：鼠标拖拽的领域决定所输入文字的大小和位置。

操作：单击领域文字命令，在输入框中输入文字“前衣片 /2”，按【Enter】键；指示表示区的对角两点▼1 和▼2，文字按区域的大小显示。（图 3.82）

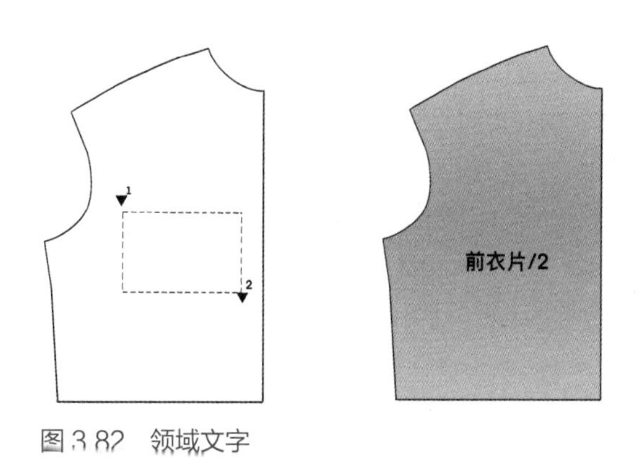

图 3.82　领域文字

（2）文字置换：将已输入的旧文字，替换成新文字。

操作：单击文字置换命令，在输入框中输入旧文字“123”，按【Enter】键；输入新文字“456”，按【Enter】键，旧文字被置换，但位置、大小不变。（图 3.83）

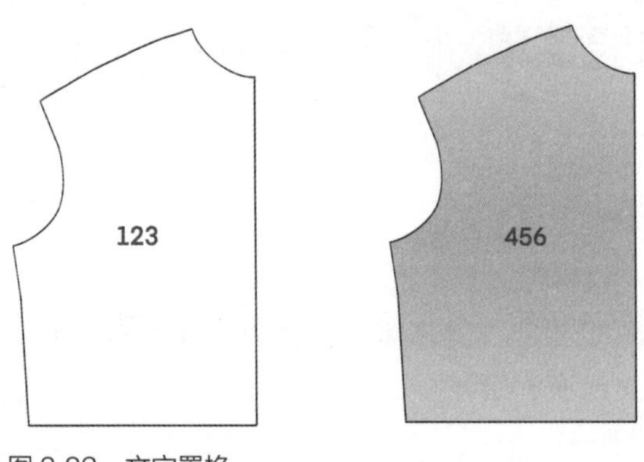

图 3.83　文字置换

（3）文字变更：以新文字替换指定的旧文字。

操作：单击文字变更命令，指示要变更的文字的对角两点▼1 和▼2，这里选择“123”（可同时指示多个旧文字），单击鼠标右键；输入新文字“456”，按【Enter】键，旧文字被变更。（图 3.84）

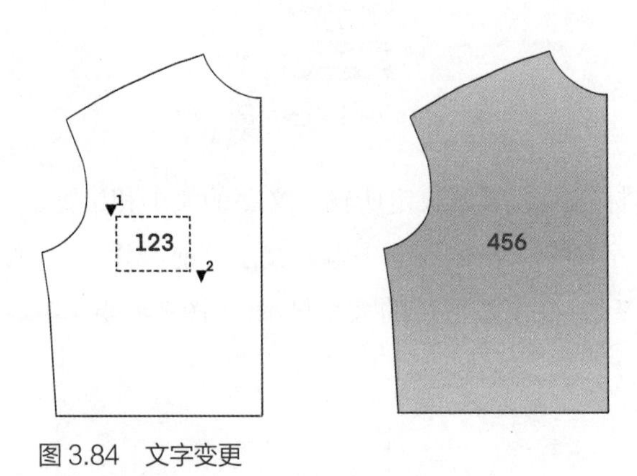

图 3.84　文字变更

（4）BOX 变更：文字配置后，根据新领域的大小变更文字的大小。

操作：单击 BOX 变更命令，指示要变更的文字，这里单击文字“前片”▸◂1，指示表示区的对角两点，从▼2 到▼3，文字按指定区域的大小变更。（图 3.85）

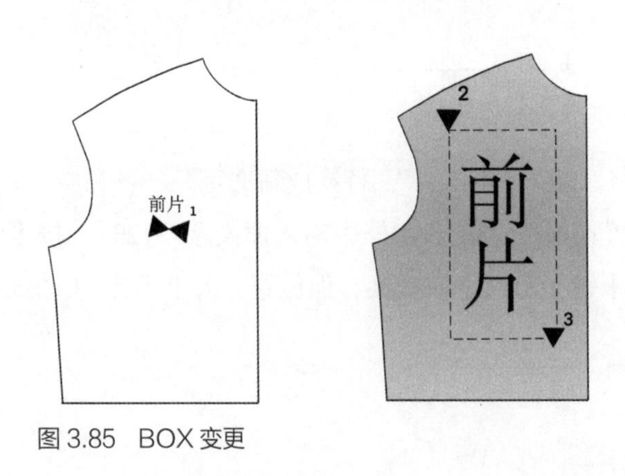

图 3.85　BOX 变更

（5）倍率变更：指定文字的大小按倍率变更。

操作：单击倍率变更命令，指示要变更的文字“123”，输入变更的倍率“2”，按【Enter】键，文字变大。如果输入小于“1”的小数，则文字依据倍率变小。（图 3.86）

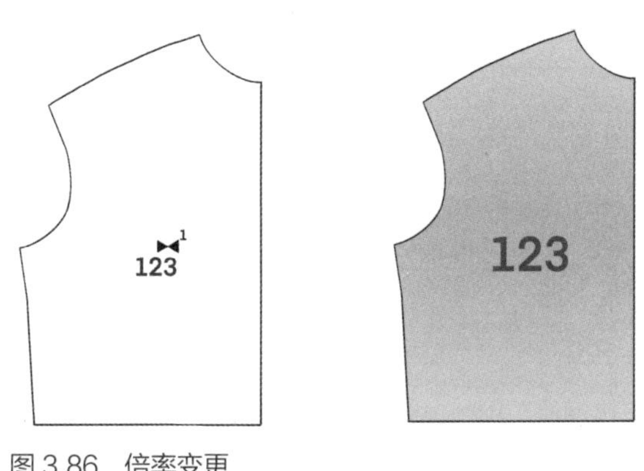

图 3.86　倍率变更

（6）倾斜变更：文字的表示方向变更。

操作：单击倾斜变更命令，指示要变更的文字；单击文字“123”▸◂1；指示文字旋转方向的倾斜点，空白处任意点单击 ▼2，指示点的连线和水平线的夹角作为旋转角度。（图 3.87）

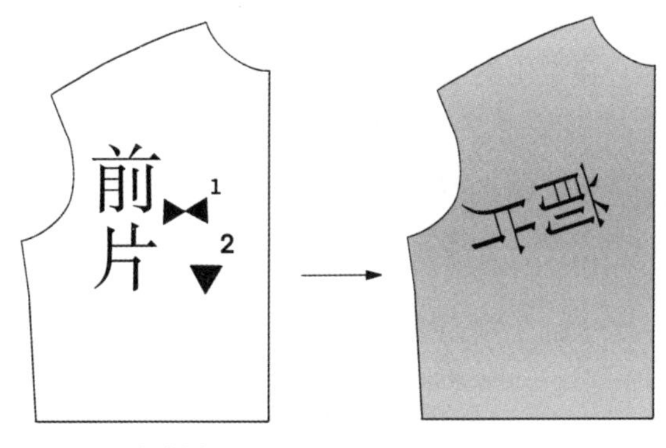

图 3.87　倾斜变更

（7）文字表配置：可对板型信息进行完整编辑，在板型文件中统一标记。

操作：单击文字表配置命令，弹出“文字表定义”对话框。（图 3.88）可以依据服装品类在该对话框中对相关服装尺寸进行编辑，通过追加将该系列的尺寸存储到配置表中，以方便提取。并且，可以依据结构文件的排版需要及文字摆放的位置、高度对文字信息进行编辑。完成配置后，单击【确定】按钮；指示表示区域的对角两点▼1 和▼2，显示文件的各项文字信息。（图 3.89）

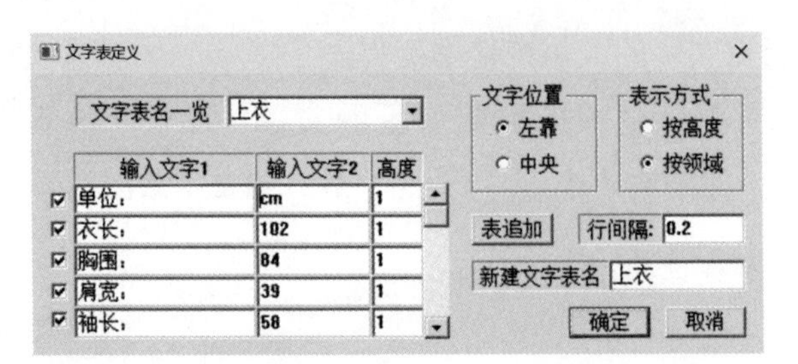

图 3.88 “文字表定义”对话框

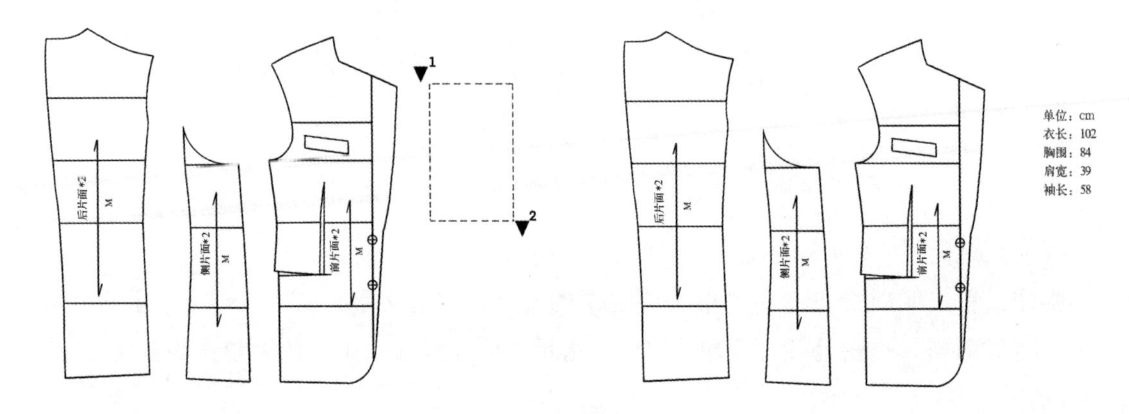

图 3.89 文字表配置

（8）常用文字库登录：将常用文字存储到文字库中，对已存储的文字库进行编辑。

操作：单击常用文字库登录命令，弹出如图 3.90 所示的对话框。在“文字库”对话框中，填写文字库类别名称和内容，在表格栏中单击鼠标右键，可进行新页面的追加、插入行、删除行等常规编辑。单击【打开】按钮可将之前存储的文字文件调出进行编辑、使用。

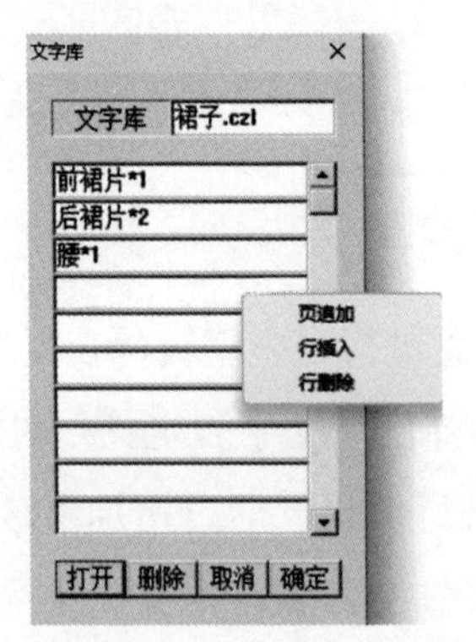

图 3.90 “文字库”对话框

（9）文字全删除：将当前文件中的文字全部删除。

（10）文字指定删除：在输入框中输入要删除的文字，按【Enter】键，将指定文字删除。

二、记号菜单

记号菜单共有 6 个命令模块，25 项二级命令。（图 3.91）部分命令在快捷命令中已有介绍，此处不再赘述。

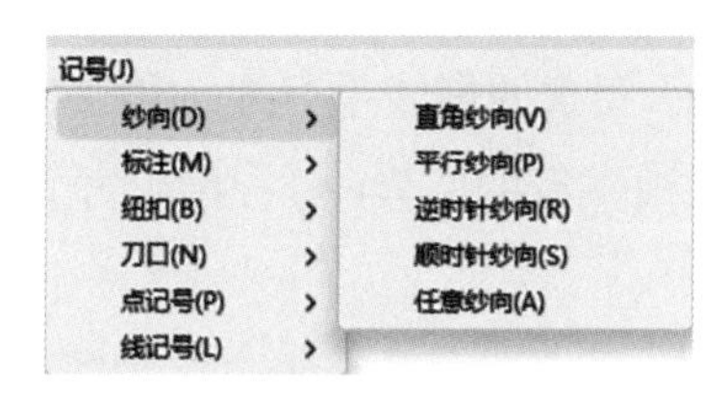

图 3.91　记号菜单

（1）纱向 / 直角纱向：作与指定衣片基准线成直角的纱向。

操作：单击直角纱向命令。指示纱向的开始点▼1，指示终了点▼2，指示基准线▸◂3，完成操作。（图 3.92）

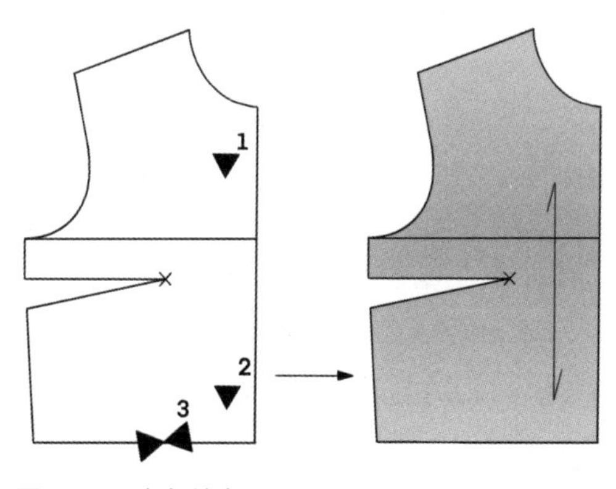

图 3.92　直角纱向

（2）纱向 / 逆时针纱向：绘制斜向纱向。作指定衣片基准线逆时针旋转 45° 的纱向。

操作：单击逆时针纱向命令。指示纱向的开始点▼1，指示终了点▼2，指示基准线▸◂3，完成操作。（图 3.93）

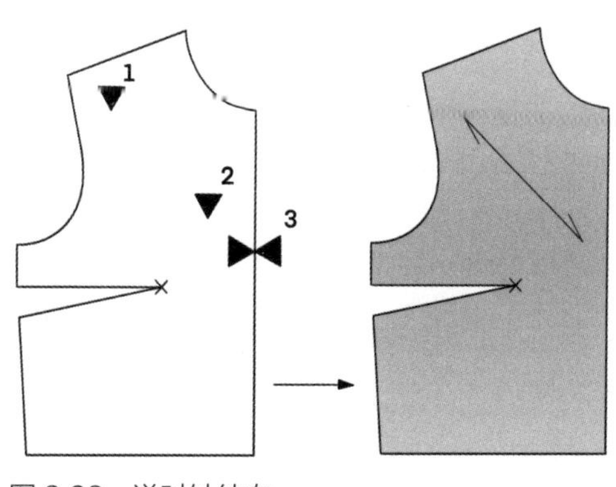

图 3.93　逆时针纱向

（3）纱向 / 顺时针纱向：绘制斜向纱向。作指定衣片基准线顺时针旋转 45° 的纱向。操作同“逆时针纱向”命令。

（4）纱向 / 任意纱向：拖拽鼠标确定任意两点▼1 和▼2，两点之间的距离为纱向长度，方向、位置任意。

（5）标注 / 压线：作出所指示要素的虚线平行线，用于标注明线。

操作：单击压线命令。指示被平行的要素▸◂1，指示方向侧▼2，输入间隔量“0.5”，按【Enter】键，作出压线。（图 3.94）

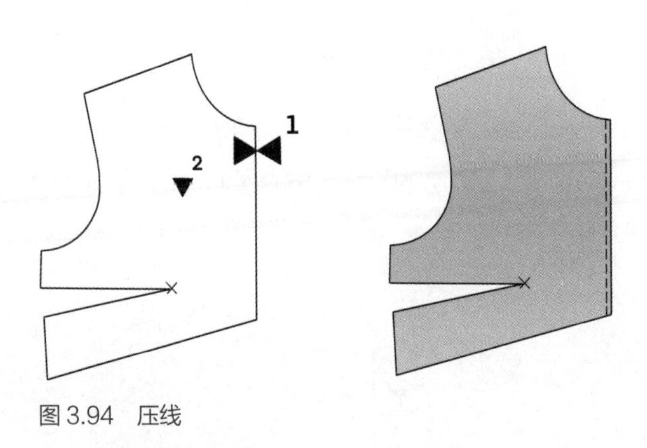

图 3.94 压线

（6）标注 / 双压线：作出所指示要素的两条虚线平行线，用于标注双明线。

操作：单击双压线命令，输入第一宽度“0.5”，按【Enter】键；输入第二宽度“1”，按【Enter】键；指示被平行的要素▸◂1，指示方向侧▼2，作出压线。（图 3.95）

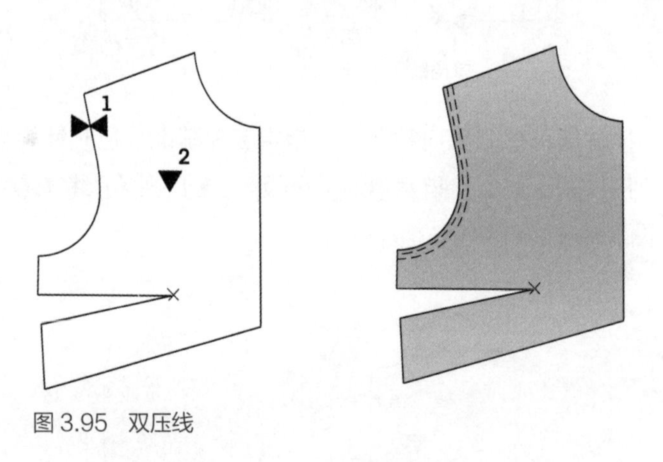

图 3.95 双压线

（7）标注 / 斜线：指定两个要素，在它们之间作斜线。

操作：单击斜线命令，输入斜线的间隔“1”，按【Enter】键；指示夹斜线的两要素▸◂1 和▸◂2，作出一组斜线。（图 3.96）

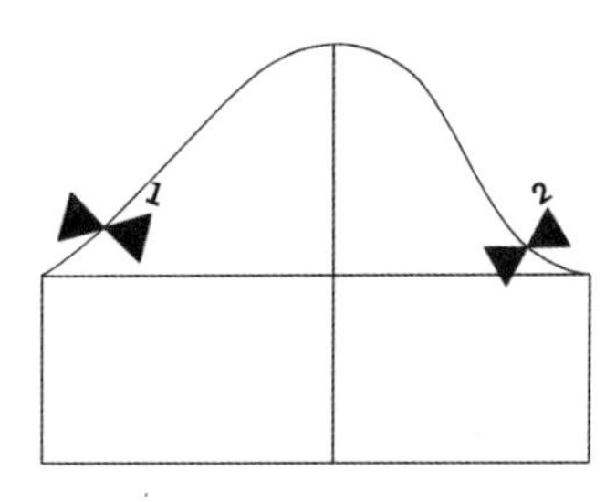

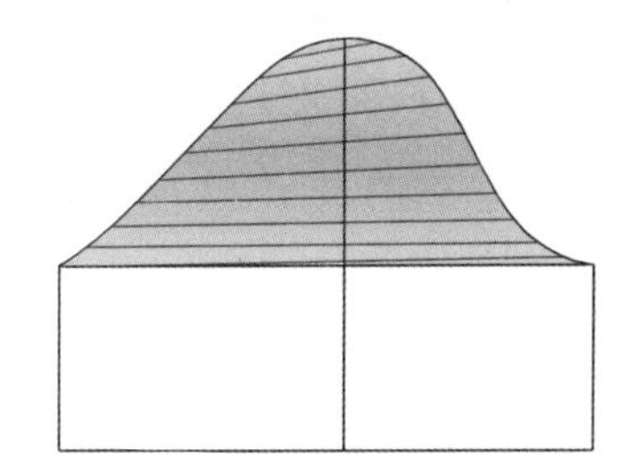

图 3.96 斜线

（8）标注 / 标尺线：以标尺的形式，标示指定要素两端点之间的距离。

操作：单击标尺线命令。指示标示的两端点▸◂1 和▸◂2，标示要素的尺寸。（图 3.97）

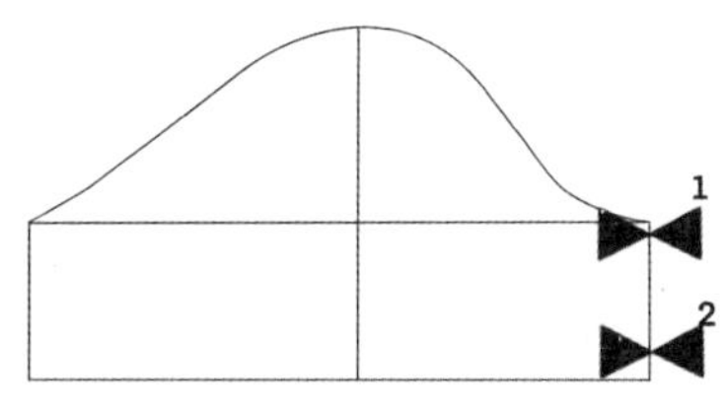

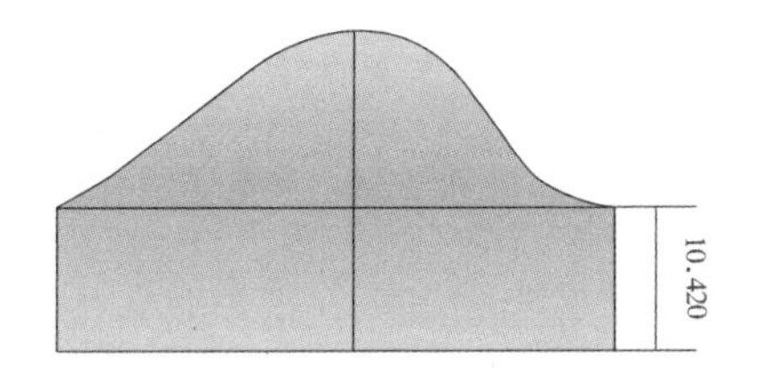

图 3.97 标尺线

（9）标尺 / 等分线标：指示要素的两个端点，将其平分成若干等份，绘制所选要素的等分线标记。

操作：单击等分线标命令。指示要素的两个端点▸◂1 和▸◂2，输入等分数“5”，按【Enter】键，作出等分线标记。（图 3.98）

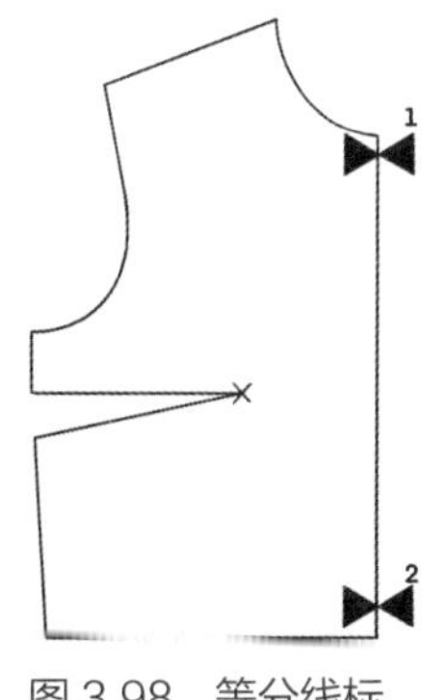

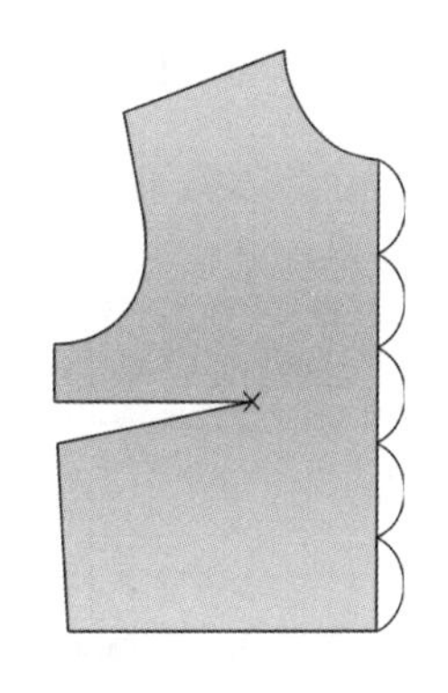

图 3.98 等分线标

（10）纽扣 / 不等距圆扣：在指定要素位置作出不等距圆扣。

操作：单击不等距圆扣命令。输入距上端点的距离“2”，按【Enter】键，指示圆扣沿边点列▸◂1；输入距下端点的距离“5”，按【Enter】键，指示圆扣沿边点列▸◂2，单击鼠标右键；输入扣的直径“1.5”，按【Enter】键；选择扣的类型（圆扣 =1，雄按扣 =2，雌按扣 =3），输入“1”，按【Enter】键；输入下一个间隔“2”，按【Enter】键；输入下一个间隔“5”，按【Enter】键；输入下一个间隔“5”，按【Enter】键；输入下一个间隔“7”，按【Enter】键；输入下一个间隔“2”，按【Enter】键；输入最后一个间隔“0”，按【Enter】键，作出不等距圆扣，操作完成。（图 3.99）

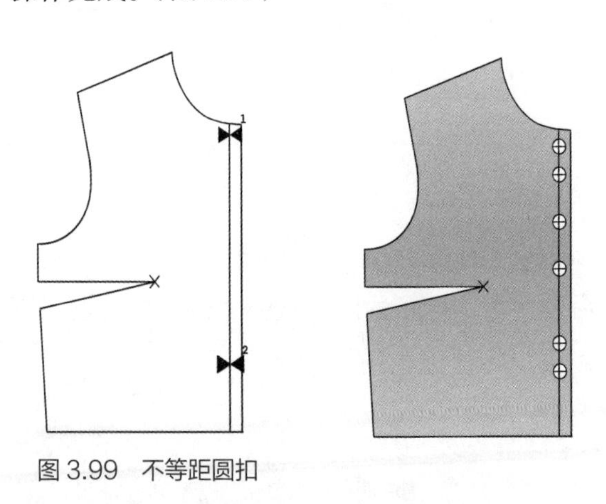

图 3.99　不等距圆扣

（11）纽扣 / 不等距扣眼：在指定要素位置作出不等距扣眼。

操作：单击不等距扣眼命令。输入距上端点的距离“2”，按【Enter】键，指示圆扣沿边点列▸◂1；输入距下端点的距离“5”，按【Enter】键；指示圆扣沿边点列▸◂2，单击鼠标右键；输入扣的直径“2”，按【Enter】键；指示门襟止口方向▼3；选择扣眼的方向（横 =1，纵 =2），输入“1”，按【Enter】键；输入扣眼的余量“0.3”；输入下一个间隔“2”，按【Enter】键；输入下一个间隔“5”，按【Enter】键；输入下一个间隔“3”，按【Enter】键；输入下一个间隔“7”，按【Enter】键；输入下一个间隔“2”，按【Enter】键；输入最后一个间隔“0”，按【Enter】键，作出不等距扣眼，完成操作。（图 3.100）

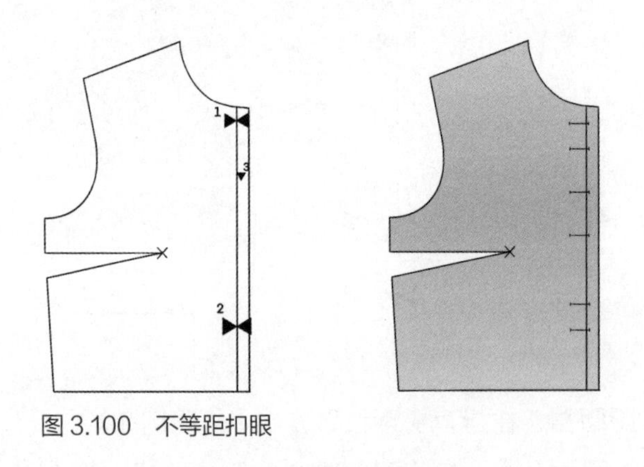

图 3.100　不等距扣眼

（12）刀口 / 袖对刀：作出袖山曲线和袖笼弧线的对刀。

操作：单击袖对刀命令。指示前袖笼（从始点侧开始）▼1，单击鼠标右键；指示前袖山（从始点侧开始）▼2，单击鼠标右键；指示后袖笼（从始点侧开始）▼3，单击鼠标右键；指示后袖山（从始点侧开始）▼4，单击鼠标右键。（图 3.101）接下来，弹出“袖对刀设定”

对话框。（图 3.102）设置刀口的数值和形状，单击【确定】按钮，作出袖对刀。

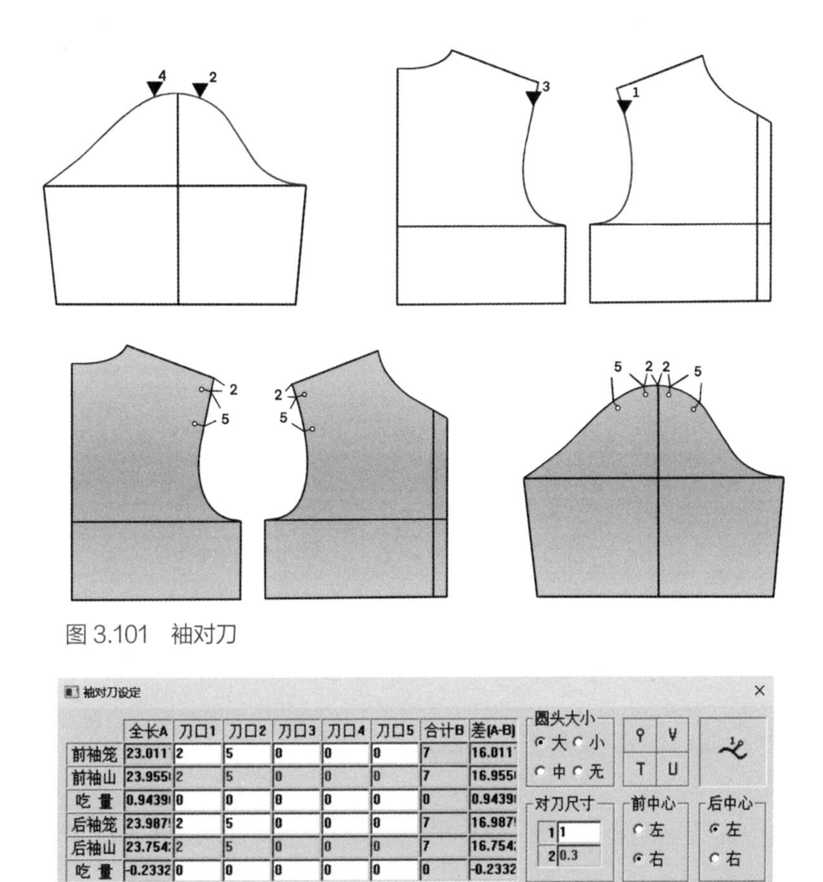

图 3.101　袖对刀

图 3.102　“袖对刀设定”对话框

（13）刀口 / 刀口修正：对完成的刀作新的编辑、修正处理。

操作：单击刀口修正命令。指示要素（从始点侧开始）▸◂1，指示修正的对刀▼2，单击鼠标右键；指示圆头的方向▼3。（图 3.103）接下来，弹出“对刀处理”对话框。（图 3.104）在“对刀处理”对话框中修正对刀值，单击【再计算】按钮，然后单击【确定】按钮即可。修正前对刀的间隔被表示出来，执行修正时，用刀口 1 ～刀口 5 的数值代替原对刀的位置。

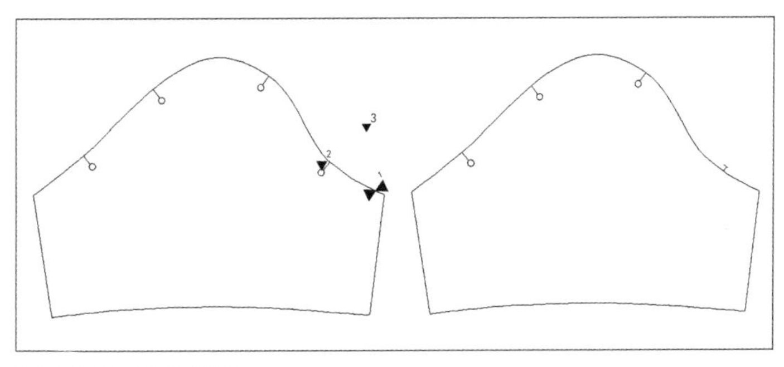

图 3.103　刀口修正

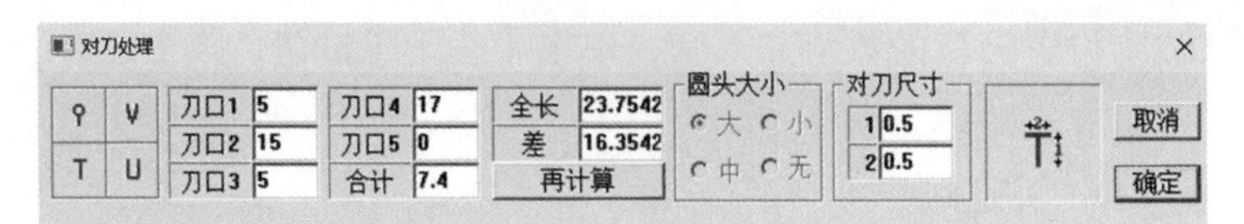

图 3.104 “对刀处理”对话框

（14）点记号 / 轮：给指定要素作出轮的记号。

操作：单击轮命令。指示中心线▸◂1；指示作图方向▼2；作出轮的记号。（图 3.105）

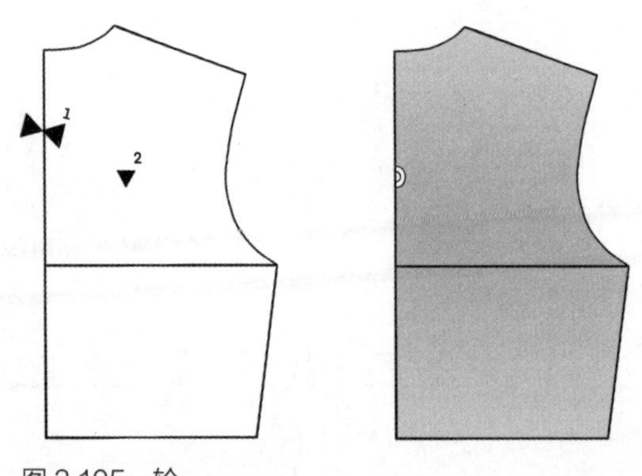

图 3.105 轮

（15）点记号 / 归：给指定要素作出归的记号。

操作：单击归命令。操作方法同轮命令。

（16）点记号 / 拔：给指定要素作出拔的记号。

操作：单击拔命令。操作方法同轮命令。

（17）点记号 / 打孔：给指定要素作出打孔标记。

操作：单击打孔命令。输入孔半径“0.5”，按【Enter】键；指示要素的打孔位置▸◂1；作出打孔标记。（图 3.106）

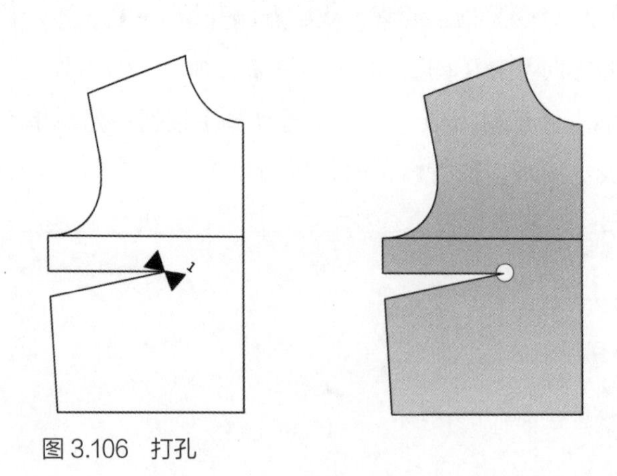

图 3.106 打孔

（18）点记号 / 要素打孔：给指定要素作若干个打孔标记。

操作：单击要素打孔命令。指示要打孔的要素▶◀1；指示打孔的开始点▶◀2；指示打孔的终点▶◀3；输入打孔数“5”，按【Enter】键；输入打孔的半径“0.5”，按【Enter】键；完成操作。（图 3.107）

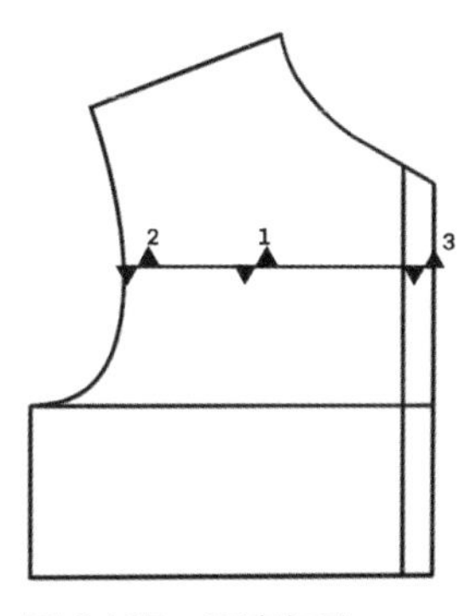

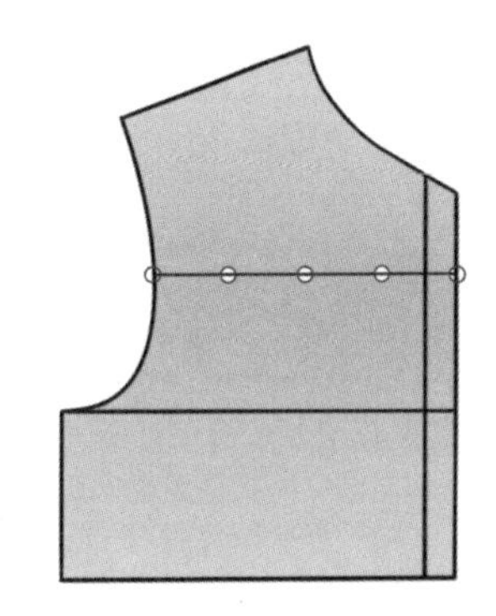

图 3.107 要素打孔

（19）点记号 / 褶线：作出褶线。

操作：单击褶线命令。指示作褶线的 3 个基点▼1、▼2、▼3，基点之间的距离决定褶线的横向长度。输入褶线的长度“1”，按【Enter】键。输入的数值越大，褶线的起伏就越大；输入的数值越小，褶线就越平缓。按【Enter】键完成褶线操作。（图 3.108）

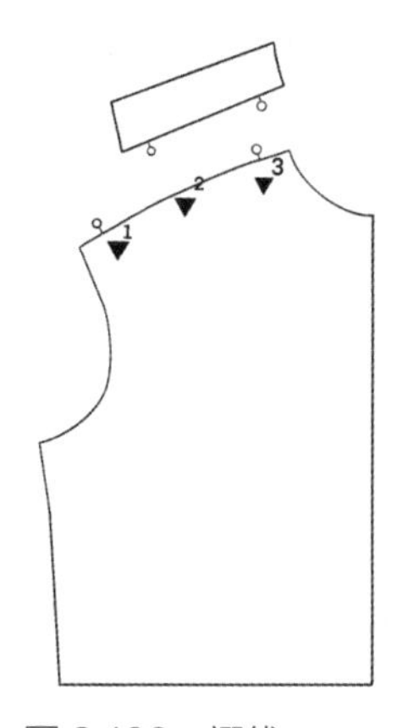

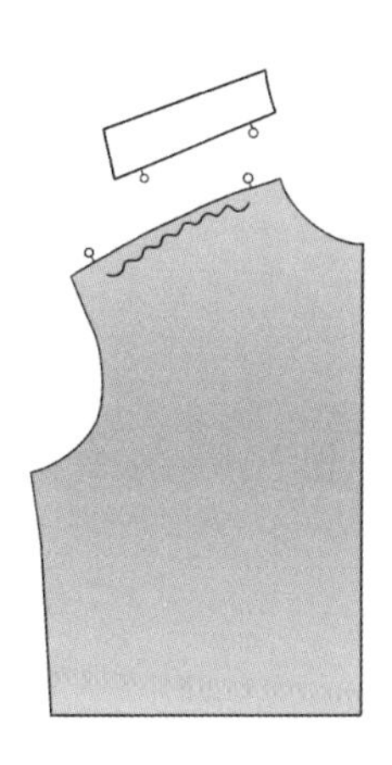

图 3.108 褶线

第四节　辅助制图菜单

一、缝边菜单

缝边菜单共有 5 个模块，12 项菜单命令。单击缝边，会出现如图 3.109 所示的菜单命令。部分命令在快捷命令中已有介绍，此处不再赘述。

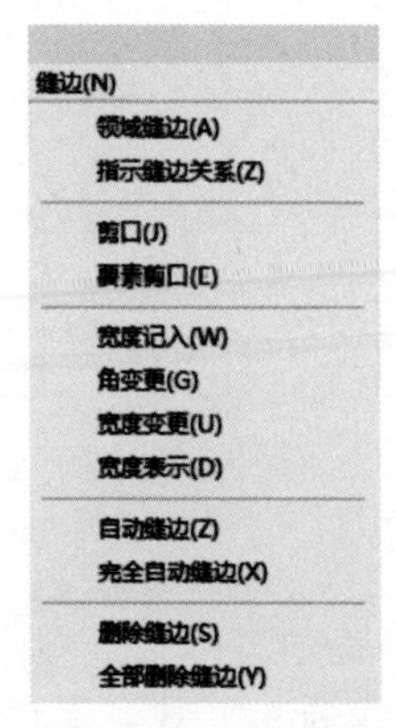

图 3.109　缝边菜单

（1）剪口：指定板型缝边的角，加入剪口记号。

操作：单击剪口命令，会弹出如图 3.110 所示的“选择剪口类型”对话框，可选择剪口的种类、大小、尺寸，依次指示构成角的基准线▸◂1、▸◂2、▸◂3，剪口完成。（图 3.111）

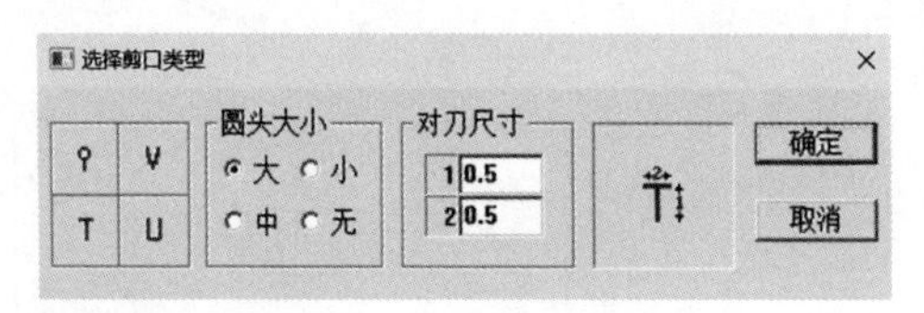

图 3.110 “选择剪口类型”对话框

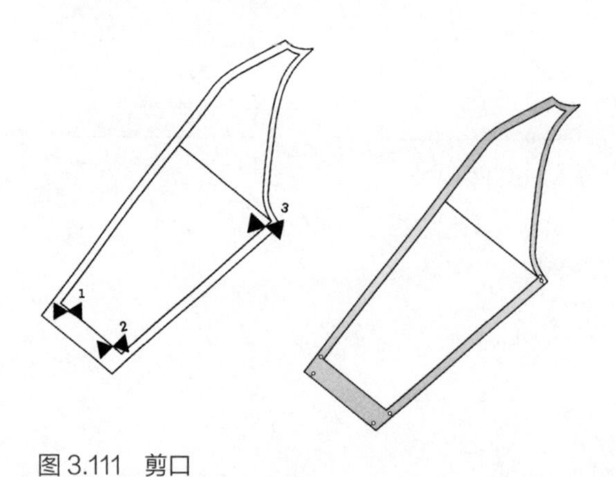

图 3.111　剪口

（2）要素剪口：指定板型结构线和净线对应线的缝边，加入剪口记号。

操作：单击要素剪口命令。弹出“选择剪口类型”对话框（图 3.110），点击确定，指示构成角的基准线▸◂1；指示缝边线▸◂2，剪口完成。（图 3.112）

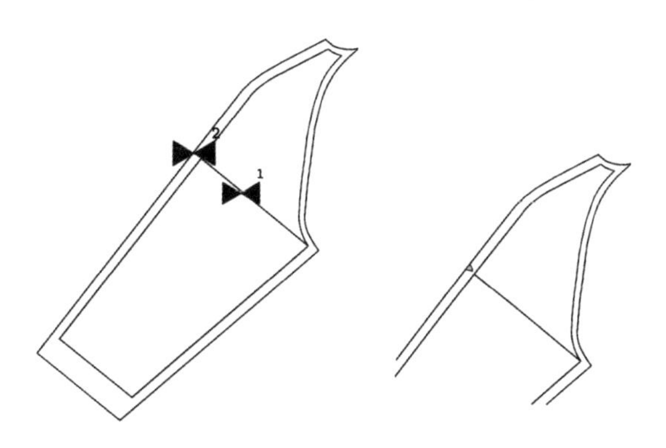

图 3.112　要素剪口

（3）宽度记入：指定板型缝边线，记入缝边宽度。

操作：单击宽度记入命令。指示缝边线▸◂1，单击鼠标右键，缝边显示宽度数据，宽度记入完成。（图 3.113）

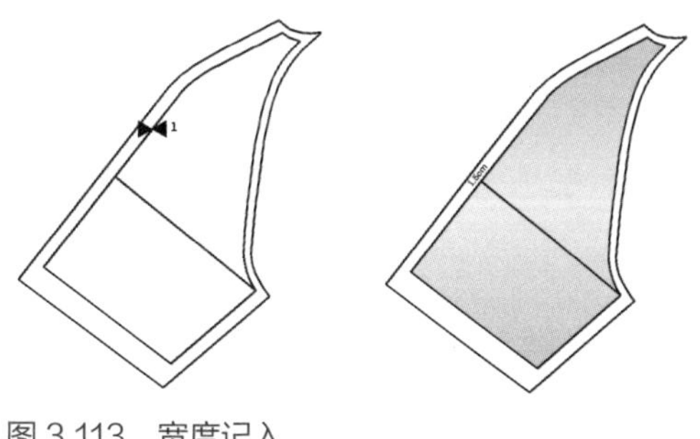

图 3.113　宽度记入

（4）宽度变更：修改指定板型的缝边宽度。

操作：单击宽度变更命令，在输入框中输入变更后的宽度“2”（起点、终点宽度不一致时以“宽度 1/ 宽度 2”的形式输入），按【Enter】键；指示缝边▸◂1，宽度变更完成。（图 3.114）

（5）宽度表示：显示指定板型缝边宽度信息。

操作；单击宽度表示命令。指示缝边线▼1 和▼2，也可以分别指示单独的缝边。单击鼠标右键，画面显示缝边的宽度，如图 3.115 所示（点击画面工具条中的“再表示”图标后，缝边的宽度表示消失）。

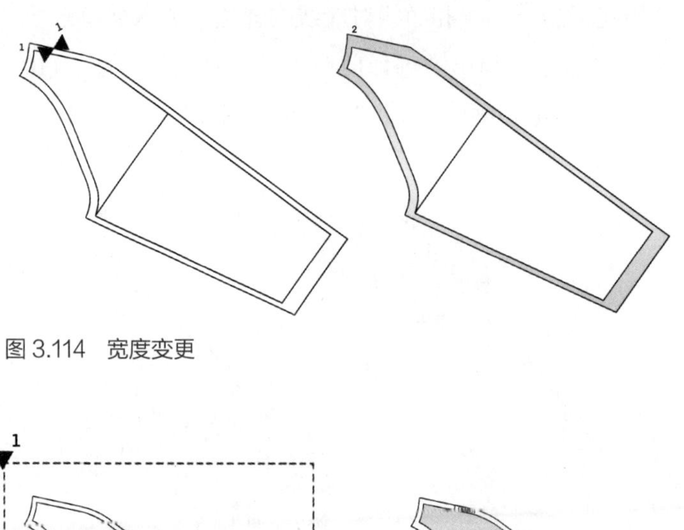

图 3.114　宽度变更

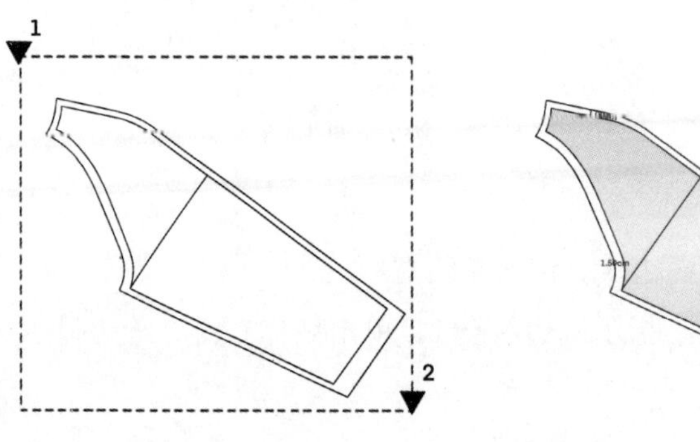

图 3.115　宽度表示

（6）自动缝边：作指定板型的相同缝边。

操作：单击自动缝边命令。框选全部板型，在输入框中输入缝边宽度“1”，按【Enter】键，完成操作。（图 3.116）

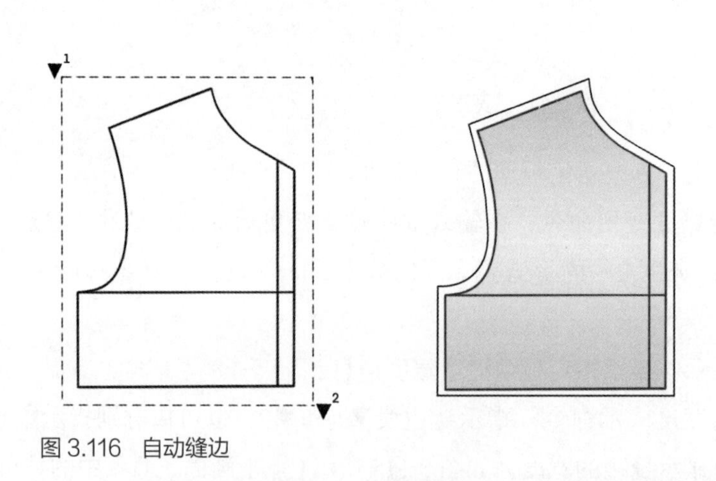

图 3.116　自动缝边

（7）完全自动缝边：使文件内所有板型，自动按输入的缝边宽度，统一生成缝边。

（8）删除缝边：框选或依次选择缝边，选中即删除。

（9）全部删除缝边：单击该命令，文件内所有缝边将被删除。

二、检查菜单（图 3.117）

检查菜单主要针对已操作完成的要素及要素构成的图形属性进行检查，包括对要素的端点距离、要素的尺寸表示进行数值检查，同时还针对要素的拼接、对合移动，以及构成图形的外周闭合情况进行检查。若发现错误，可及时进行修正。

图 3.117 检查菜单

（1）标示尺寸：对板型不同部位，进行宽度、高度、间隔、长度等的尺寸标示。

操作：单击标示尺寸命令。按顺时针方向指示需标注尺寸的要素▸◂1、▸◂2、▸◂3、▸◂4，单击鼠标右键，被指示要素显示尺寸，并且弹出“标注尺寸设定”对话框。（图 3.118）

如果需要修正数值，单击任意点需要修正的数值▼1，输入修正值“12”，按【Enter】键；指示移动端点▸◂2；指示移动方向（1= 左右，2= 上下，3= 要素上），输入“1”，按【Enter】键；这里将侧颈点按新的数值向左修正，完成操作。（图 3.119）

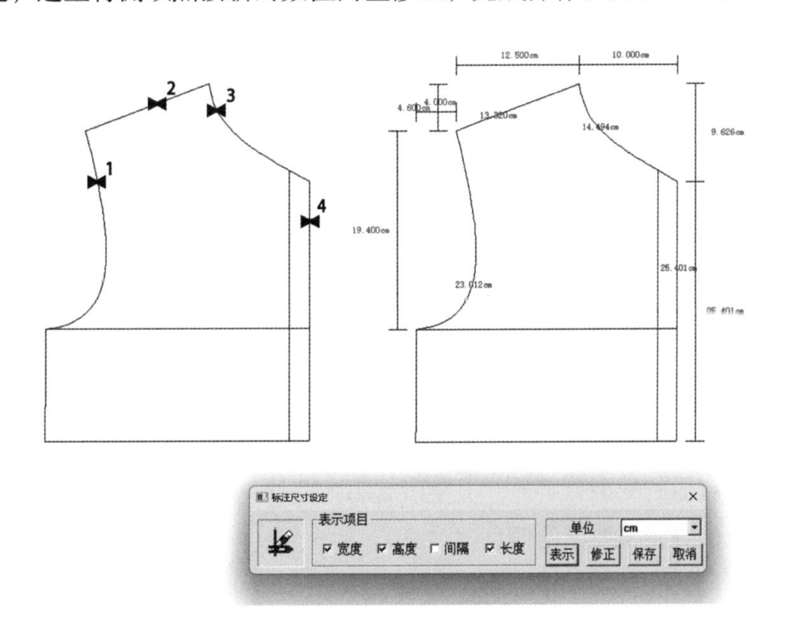

图 3.118 标示尺寸

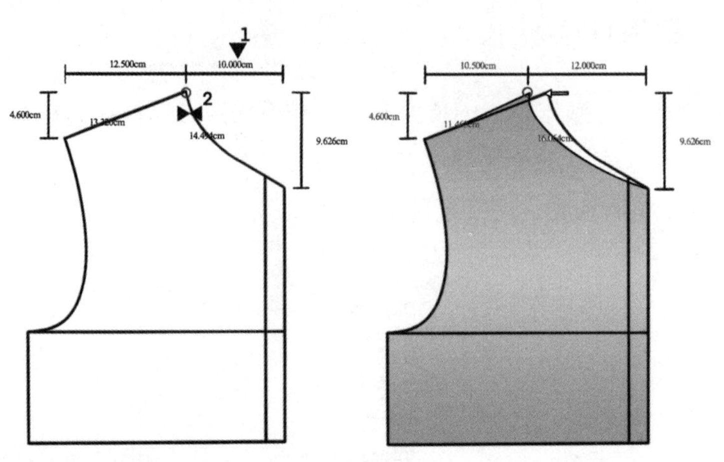

图 3.119　标示尺寸修正

（2）对合检查：将指定板型与另一板型进行对合检查，可用于检查插肩袖、西服袖笼等。

操作：单击对合检查命令。指示检查的要素的对角两点▼1 到▼2；指示基准线▸◂3；指示接触点开始位置（交差要素或点）▸◂4；指示对应线▸◂5；接触点开始位置（交差要素或点）▸◂6；指示对合点▼7（该处为任意点，因此步骤 7 为▼7）；（1= 现状结束，2= 复制结果，3= 复原，4= 反转），输入“1”，按【Enter】键，板型对合检查完成。（图 3.120）

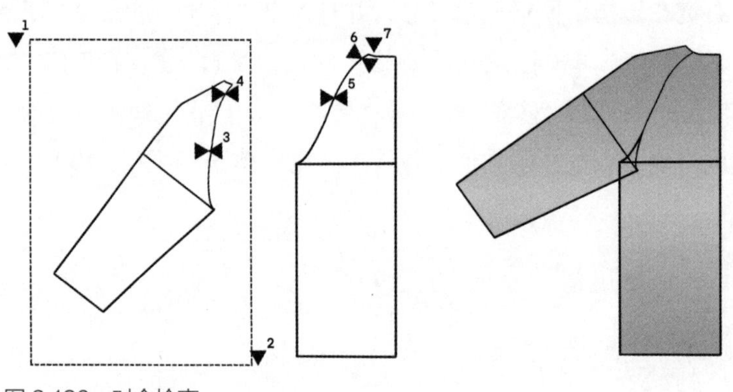

图 3.120　对合检查

（3）外周检查：检查图形外周是否封闭，用于做缝边、推板之前的检查。

操作：单击外周检查命令。框选指定板型，单击鼠标右键；如果图形封闭，则图形外周变成粉红色；如果图形不封闭，则没有红色外周。单击“再表示”，图形将变回原来的显示颜色。（图 3.121）

（4）解组：将对合后的板型分解拆开。单击解组命令后，板型会恢复到原来的位置。

（5）要素情报：检查指定要素的信息。

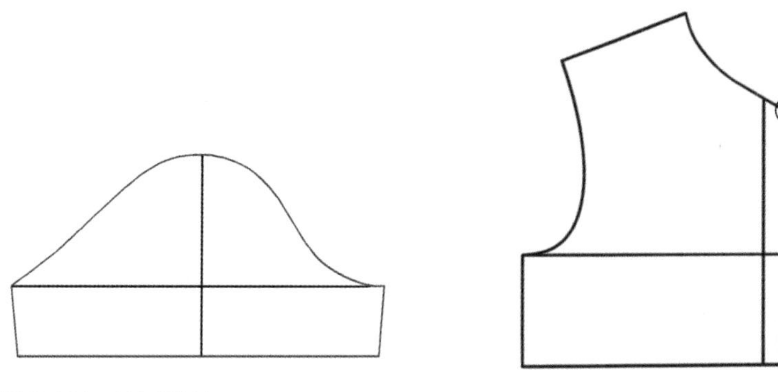

图 3.121　外周检查

操作：单击要素情报命令。指定一个要素▸◂1，弹出“要素情报”对话框。要素为直线时，对话框中显示“与 X 轴夹角”的角度值；需要调整要素长度时，在“长度”对话框内填入修改数值，此处输入“15”，按【Enter】键，单击【调整】按钮即可完成操作。（图 3.122）

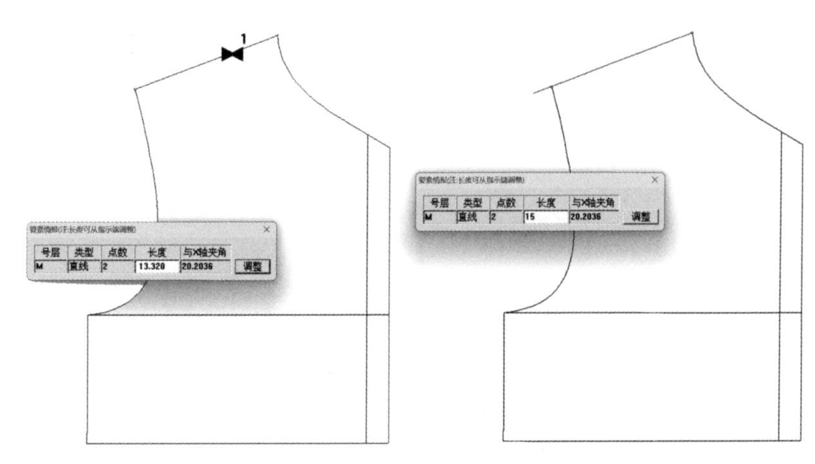

图 3.122　要素情报

（6）两直线夹角：分别指示构成夹角的两个要素，检查构成角度。（图 3.123）

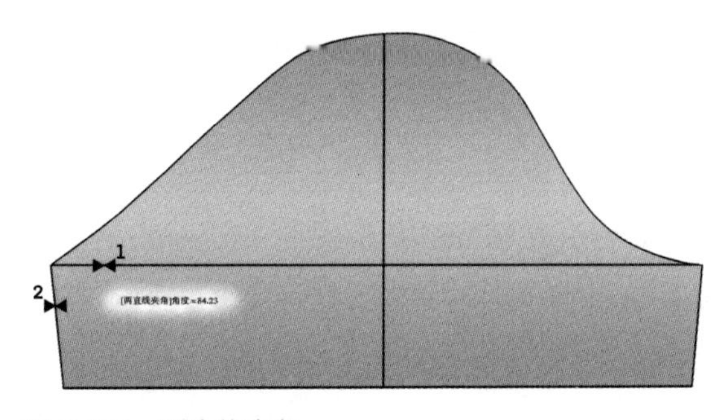

图 3.123　两直线夹角

（7）要素差：分别指示两个指定要素，计算出两个要素的差。（图 3.124）

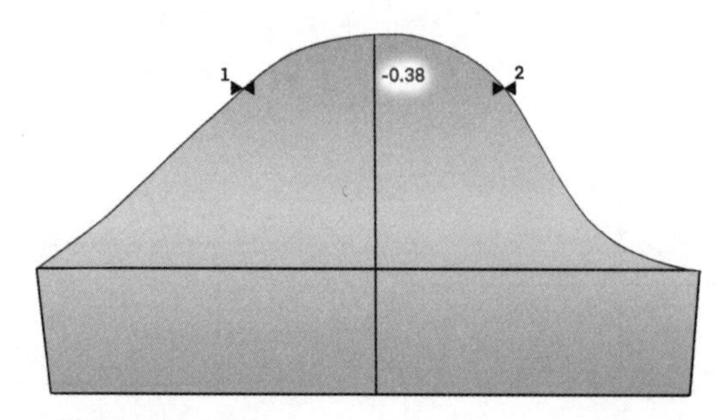

图 3.124　要素差

（8）要素部分长度：检查指定要素，指定两点之间的要素长度。

操作：单击要素部分长度命令。首先单击指定要素▸◂1；指示两个点，默认其为该要素的端点。切换投影点，然后在指定要素上单击，确定显示的两点▸◂2、▸◂3，单击后，系统显示两点之间的长度为“7.81”，完成操作。（图 3.125）

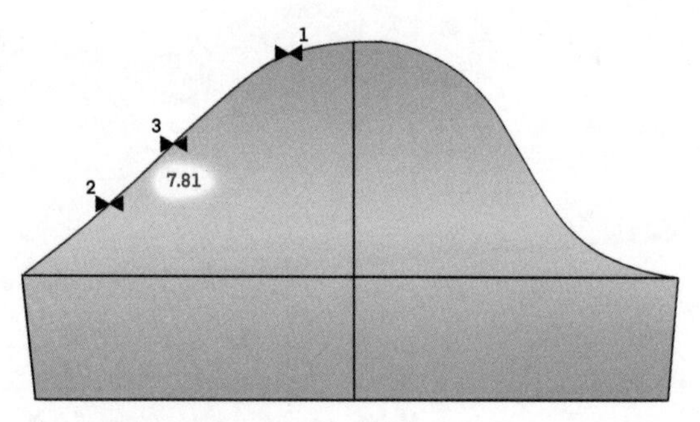

图 3.125　要素部分长度

三、部品菜单

部品菜单共有 4 项菜单功能。单击部品，会出现如图 3.126 所示的内容。

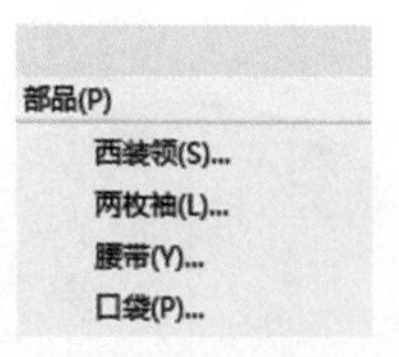

图 3.126　部品菜单

（1）西装领：自动生成西装领。

操作：单击西装领命令。指示前肩线的颈肩点▸◂1；指示前中心线▸◂2；指示下摆位置▸◂3；指示后领窝线▸◂4。（图 3.127）接下来，会弹出“西装领制作”对话框。（图 3.128）

依据结构设计要求，选择“顺驳头”或“枪驳头”，修改框内对应的数值，先单击【再显示】按钮，再单击【确定】按钮，界面会出现完成的领子，操作完成。

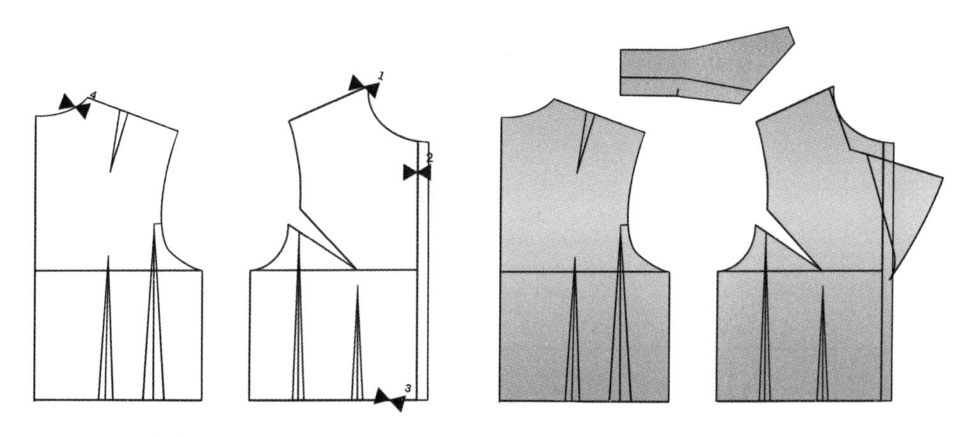

图 3.127　西装领

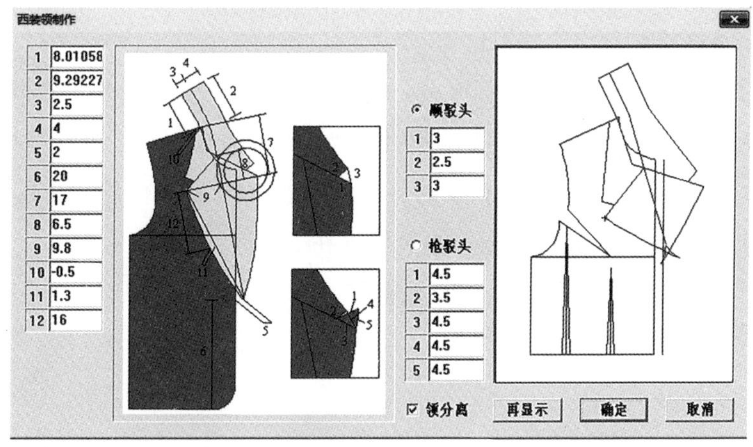

图 3.128　“西装领制作”对话框

（2）两枚袖：自动生成两枚袖。

操作：单击两枚袖命令。指示前袖山▸◂1；指示后袖山▸◂2；指示原点，即袖山高顶点▸◂3。（图 3.129）接下来，会弹出“袖制作”对话框。（图 3.130）依据结构设计需要，修改框内数值设定，单击【再显示】按钮，对话框中会显示修改后的状态，再单击【确定】按钮，界面中会出现完成的两枚袖。

（3）腰带：自动生成腰带。

操作：单击腰带命令。指示腰带（左下点）的放置点，任意点单击▼1，输入腰部尺寸“70”，按【Enter】键；输入余量“4”，按【Enter】键；输入腰带宽度，输入余量“4”，按【Enter】键；自动生成腰带。（图 3.131）

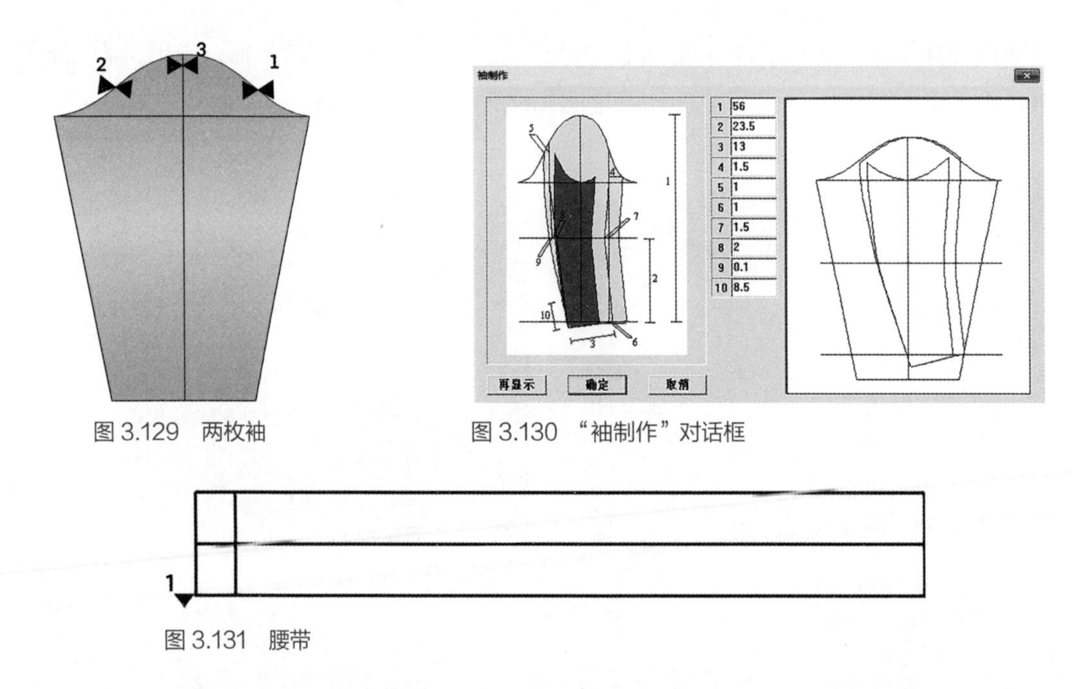

图 3.129　两枚袖

图 3.130　“袖制作”对话框

图 3.131　腰带

（4）口袋：自动生成口袋。

操作：单击口袋命令。指示参照点▸◂1；接下来，会弹出“口袋制作”对话框。（图 3.132）输入口袋作图原点与参照点的相对位置，即 x 值和 y 值（在参照点的左侧作口袋时，x 值为负数；在参照点的下侧作口袋时，y 值为负数）；输入口袋的“高”“宽”“倾斜”（相对于口袋的开始点在左侧时，“宽”为负值；在下侧时，“高”为负值。“倾斜”表示口袋的倾斜程度），输入口袋的中线数（0= 无中线，1= 口袋间有一条线，2= 口袋中间有两条等分线）；单击【确定】按钮，完成操作。（图 3.133）

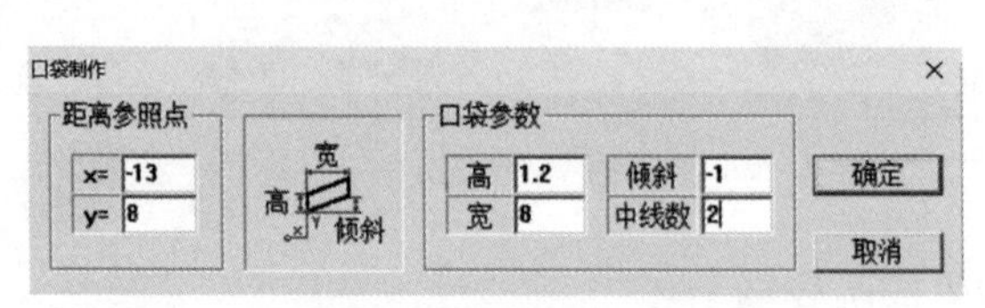

图 3.132　“口袋制作”对话框

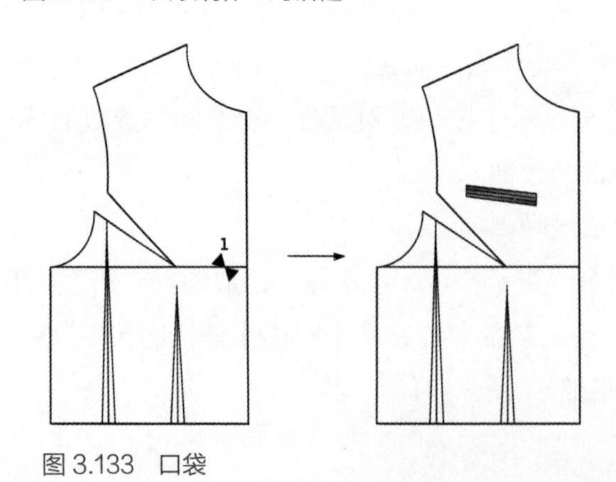

图 3.133　口袋

四、属性菜单

属性菜单共有 18 项菜单功能。单击“属性”菜单，将会出现如图 3.134 所示的内容。

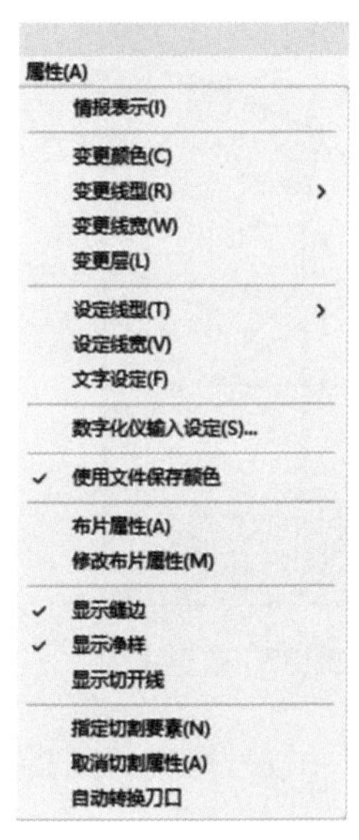

图 3.134 属性菜单

（1）情报表示：显示当前文件各号型层中的要素个数及总要素数，此功能可检查样板放码后是否丢失要素。（图 3.135）

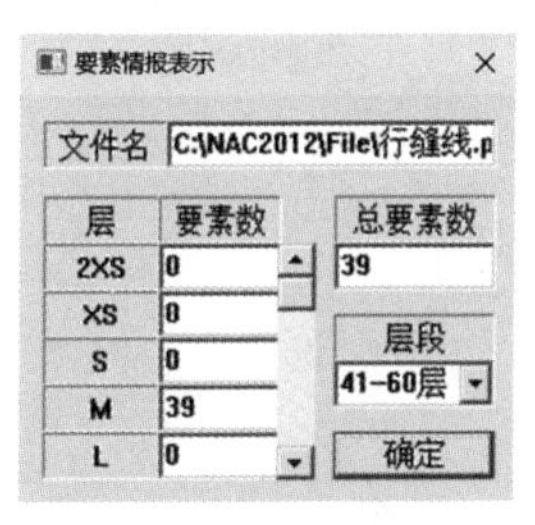

图 3.135 要素情报表示

（2）变更线型：如图 3.136 所示，该命令包括 4 个二级命令。其中“变更线型”为“虚线”命令，在前文已有介绍。变更线型的主要功能是在服装结构标准制图中，对线的不同种类进行定义。

操作：依据制图要求，选择具体命令，单选或多选指定变更的要素，单击鼠标右键，要素变更操作完成。

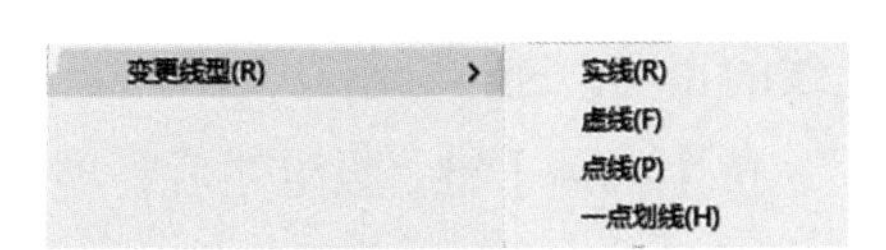

图 3.136 变更线型

（3）变更线宽：变更指定要素的线宽。

操作：指示变更的要素，单选或多选，选中后单击鼠标右键，输入线的宽度“2”，按【Enter】键，操作完成。（图 3.137）

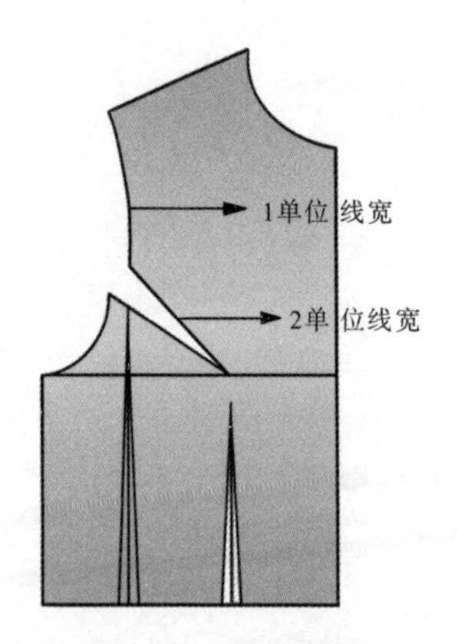

图 3.137　变更线宽

（4）变更层：将所选要素、板型、符号等转移到指定的层面。

操作：指示变更的要素，单选或多选，选中后单击鼠标右键，弹出“选择层”对话框（图 3.138），选择目标层，单击【确定】按钮，操作完成。

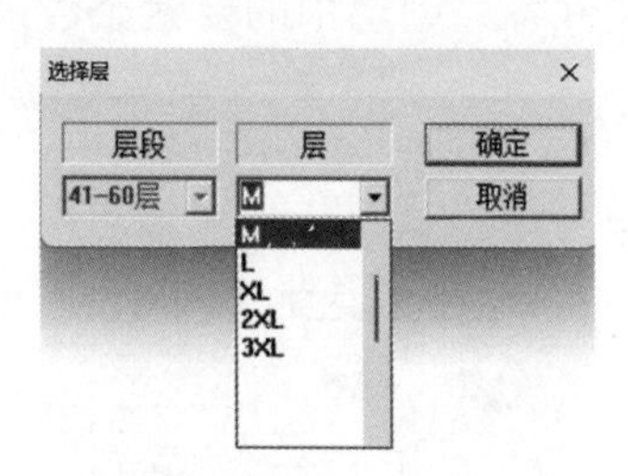

图 3.138　“选择层”对话框

（5）设定线型：在制图过程中，可以实时改变线型，可以设定的线型有实线、虚线、点线、一点划线 4 种。它区别于“变更线型”，是针对已经绘制的线型的更改，设定之后，再作图时可使用对应线型。（图 3.139）

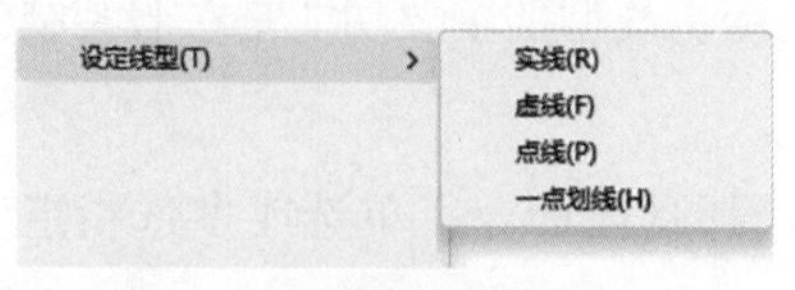

图 3.139　设定线型

（6）设定线宽：实时设定线的宽度，进行绘制。

操作：输入线的宽度“3”，按【Enter】键，设定之后，再作图时可使用此线宽。

（7）数字化仪输入设定：在将平面板型录入之前，对数字化仪进行精度的设置。（图 3.140）

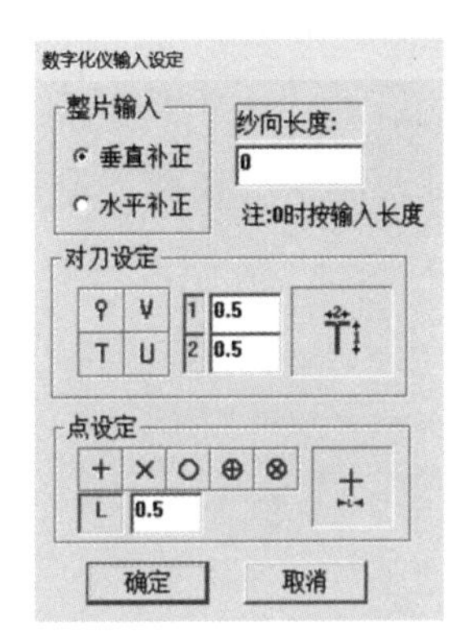

图 3.140 “数字化仪输入设定”对话框

（8）使用设定颜色 / 使用文件保存颜色：通过单击，使两个命令在菜单中互相切换。当为“使用设定颜色”状态时，显示为当前系统设定的号型颜色；当为“使用文件保存颜色”状态时，显示所打开文件保存时的颜色。

（9）修改布片属性：对布片属性进行修改。

操作：单击修改布片属性命令。框选布片属性文字，会弹出“修改布片属性”对话框，在布片名框中进行编辑，将“前片面 *2”修改为“前小片 *2”，单击【确定】按钮，修改完毕。（图 3.141）

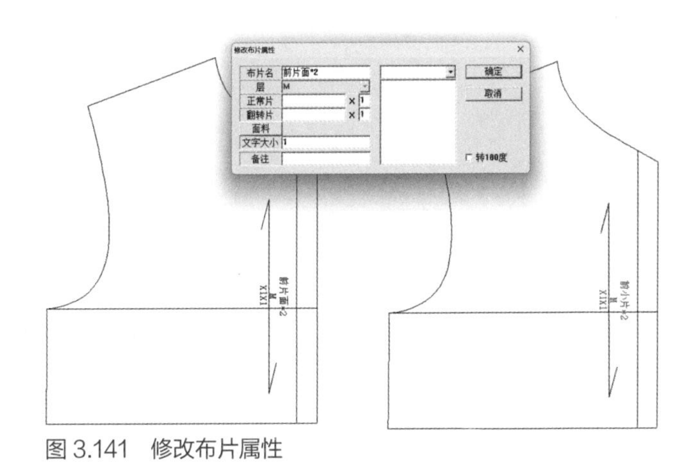

图 3.141　修改布片属性

（10）显示 / 缝边、净样、切开线：如果在制图过程中，已完成这 3 种结构工艺，那么通过单击命令，可以随时切换添加这 3 种工艺的效果。单击后，命令前会有“√”出现，工艺效果出现；再次单击，则关闭命令，“√”消失，3 种工艺效果暂时隐藏。

（11）指定切割要素 / 取消切割要素：这是一对相互矛盾的命令。单击指定切割要素命令，框选指定要素，单击鼠标右键，该要素变为红色，暂时将指定要素作为切割要素。如果选择取消切割要素命令，框选指定的切割线，单击鼠标右键，可以取消对切割要素的设定。

（12）自动转换刀口：操作同对刀命令。在保证原对刀不变的情况下，进行新对刀的设定。

第五节　系统设置菜单

一、画面菜单

画面菜单共有 7 项菜单功能。单击“画面”菜单，将会出现如图 3.142 所示的内容。

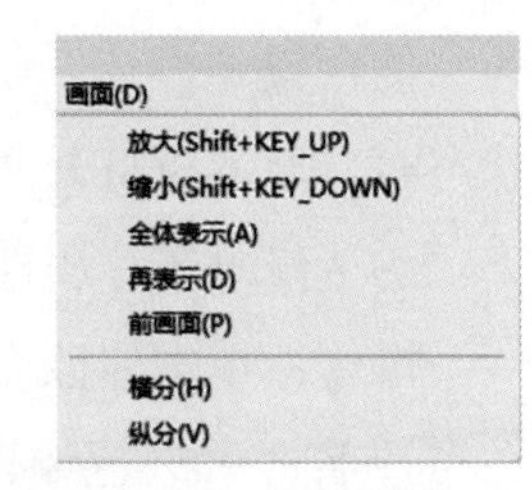

图 3.142　画面菜单

（1）横分：将当前画面横向复制，如图 3.143 所示。再次单击“横分”选项，可恢复到原画面，与纵分命令结合使用可生成 4 个画面。

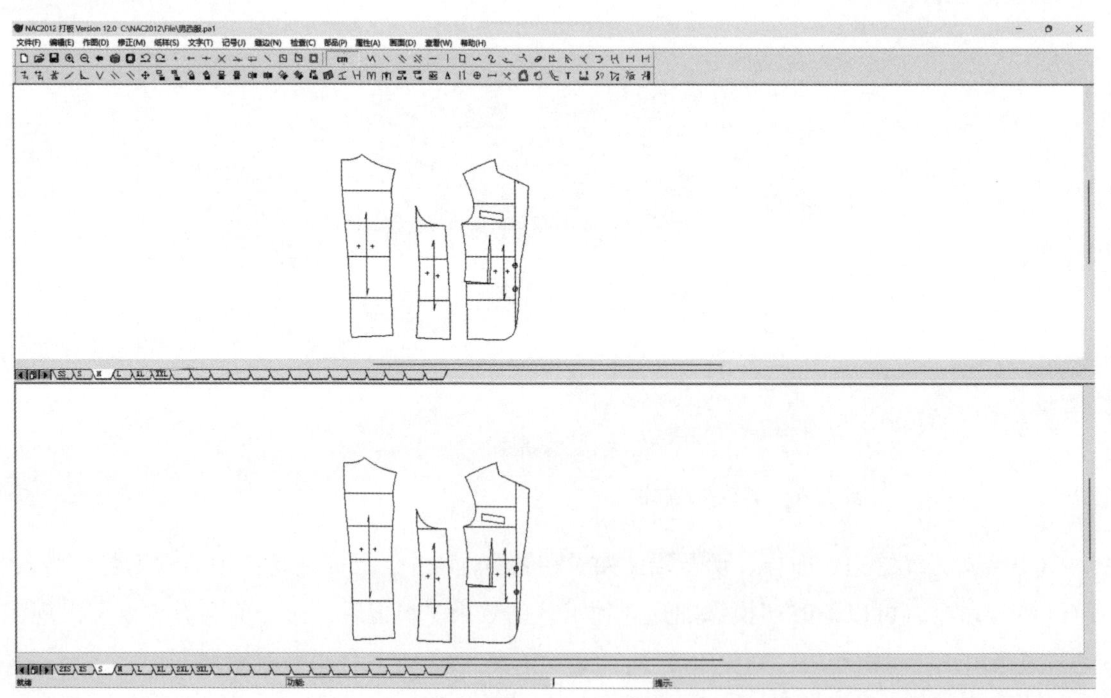

图 3.143　横分

（2）纵分：将当前画面纵向复制，如图 3.144 所示，再次单击“纵分”选项，可恢复到原画面。如图 3.145 所示，与横分命令结合使用可生成 4 个画面。

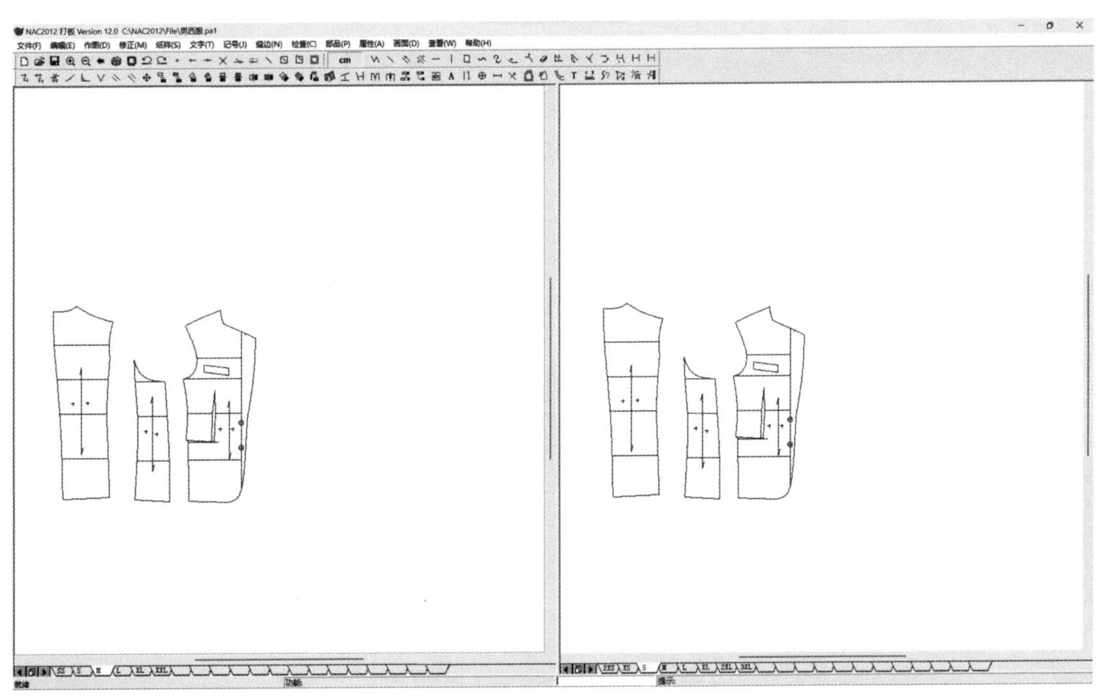

图 3.144　纵分

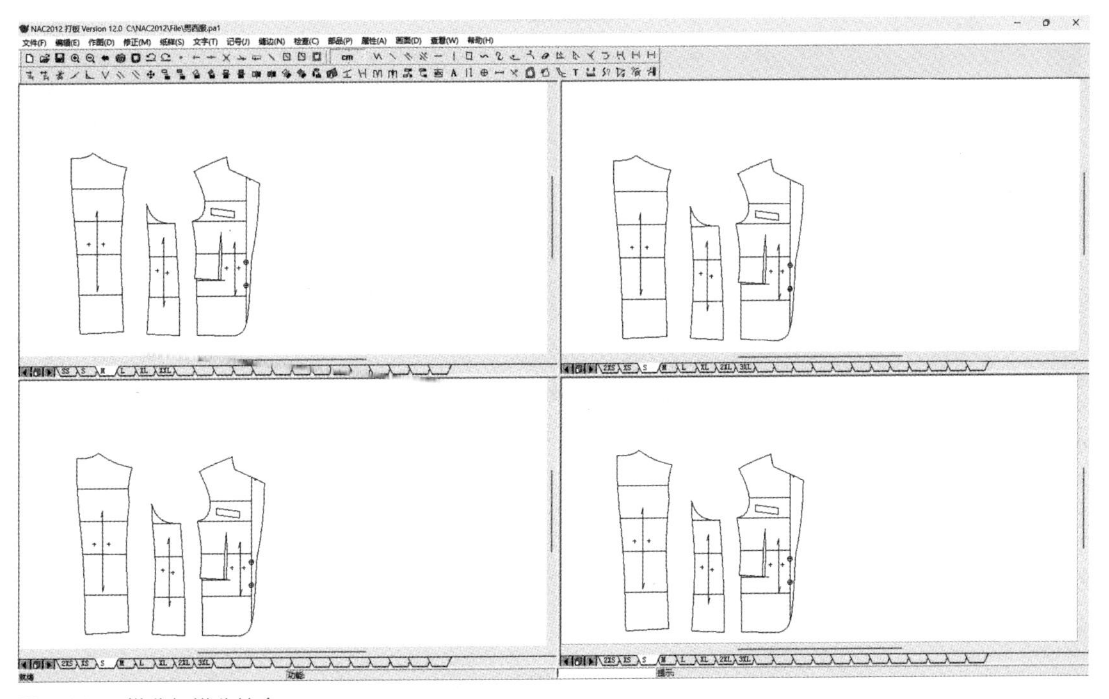

图 3.145　纵分与横分结合

二、查看菜单

查看菜单分为两个模块：第一个是常用工具模块，包含 3 个工具条；第二个模块是款式图、尺寸表、文字库的查看命令。（图 3.146）

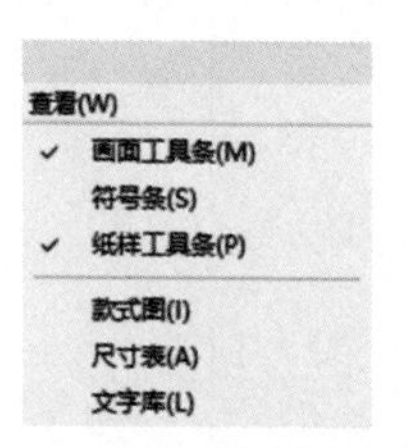

图 3.146　查看菜单

文字库：单击该命令，画面右上角即出现之前存储的不同部位的名称。双击指定的名称，该名称会出现在输入框中，使用文字工具，可以将该文字输入指定位置。（图 3.147）

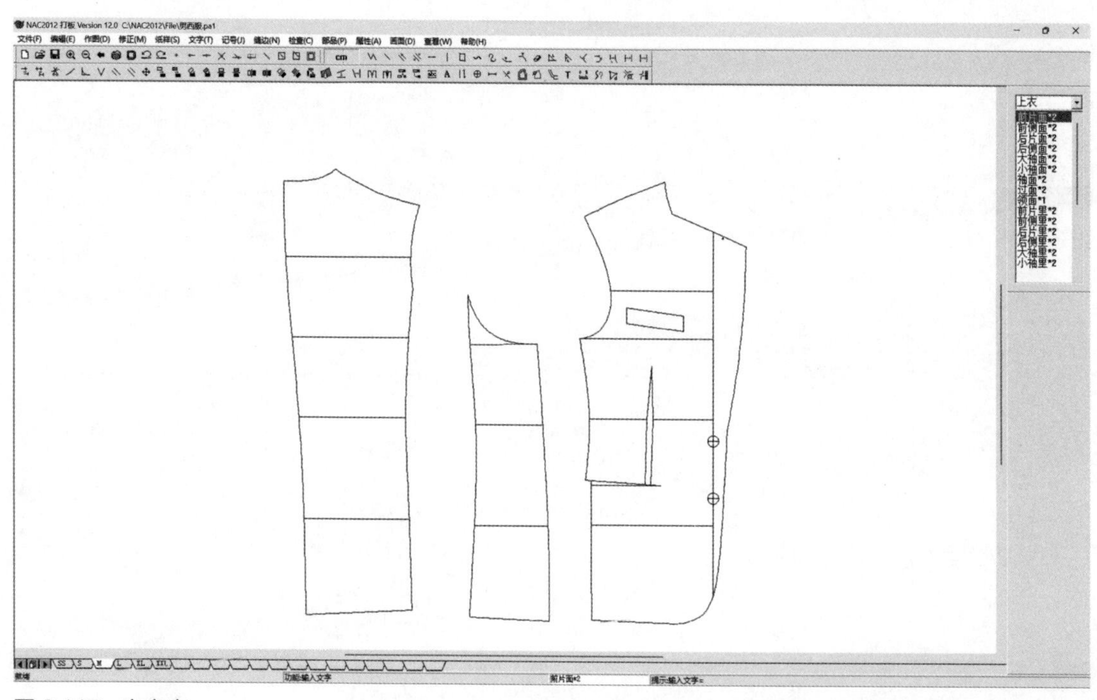

图 3.147　文字库

三、帮助菜单

记录 NAC 服装制板系统的版本信息。

思考与实践

（1）倒褶、平褶、对褶的制作及区别。

（2）简述指定分割和等分割的区别。

（3）板型的展开、修正、符号标示。

CHAPTER FOUR

第四章
实例讲授

【本章要点】

（1）CAD 原型制板思路的建立。

（2）CAD 比例制板思路的建立。

（3）CAD 制板思路的拓展。

【本章引言】

本章通过 3 个案例，讲解在 CAD 制板环境内如何使用原型制图法、比例制图法及平面制板方法分析实际案例，结合立体人台进行制板。党的二十大报告提出：“加强基础研究，突出原创，鼓励自由探索。”本章节的重点是探索 CAD 制板不同的操作方法、不同工具的使用方法，要求学生基于实际制板案例，拓展制板思路。

第一节 原型制图

基础尺寸：胸围 /84cm；背长 /38cm；腰围 /70cm；袖长 /54cm。

一、绘制框架

（1）绘制背长线。选择垂直线 ，在画面中单击一点，在输入框中输入“y-38”（输入反向数值，给定向下的垂直方向），按【Enter】键。设定顶端为辅助点 A。

（2）绘制 WL 水平线。选择水平线 ，单击背长线下端，在输入框中输入“x48”（B/2+6），按【Enter】键。

（3）确定胸围线。选择水平线 ，在输入框中输入“20.7”（B/12+13.7），单击 A 点，在输入框中输入“x48”，按【Enter】键。绘制前中心线。选择垂直线，单击 BL 线和 WL 线。（图 4.1）

（4）绘制后背宽线。选择垂直线工具 ，在输入框中输入“17.9”（B/8+7.4），按【Enter】键。单击 BL 线与背长线相交的端点，确定背宽线的位置，设定 C 点，在输入框中输入“20.7”（B/12+13.7），按【Enter】键，结束操作。选择水平线工具 ，单击 A 点到背宽线定点，完成背部框架。

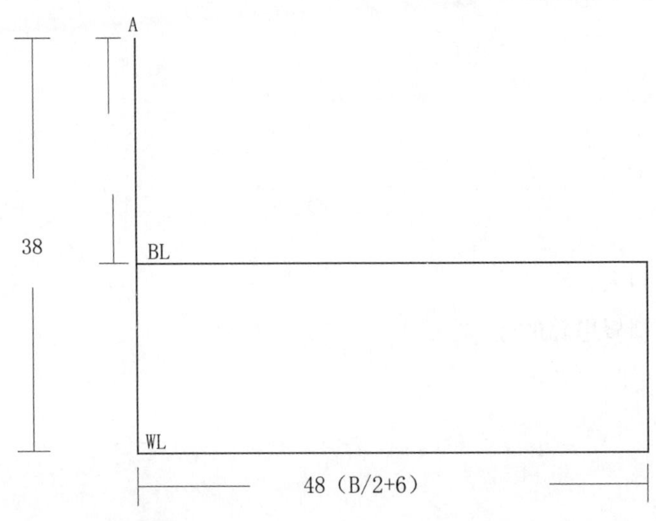

图 4.1 绘制框架

（5）绘制横背宽线。选择水平线 ，在输入框中输入“8”，单击后中心线 A 点，确定线的起点位置，交于背宽线，设定为 D 点。

（6）确定 E 点。选择下拉菜单记号 / 标注 / 等分线标，分别单击横背宽线的起始两点，在输入框中输入“2”，按【Enter】键，画出二等分点。选择垂直线 ，单击交点工具 ，在输入框中输入“1”，按【Enter】键。单击横背宽线，先单击右侧等分线，标注弧线，然后画出任意长度垂线。该垂线与横背宽线的交点，即为 E 点。

（7）确定 G 点。选择下拉菜单记号 / 标注 / 等分线标，分别单击 C 点和 D 点，在输入框中输入“2”，按【Enter】键，完成二等分。选择水平线 ，单击交点工具 ，在输入框中输入“0.5”，按【Enter】键。单击背宽线，先单击上方等分线，标注弧线，然后画出任意长度水平线。该水平线为确定 G 点的辅助线。（图 4.2）

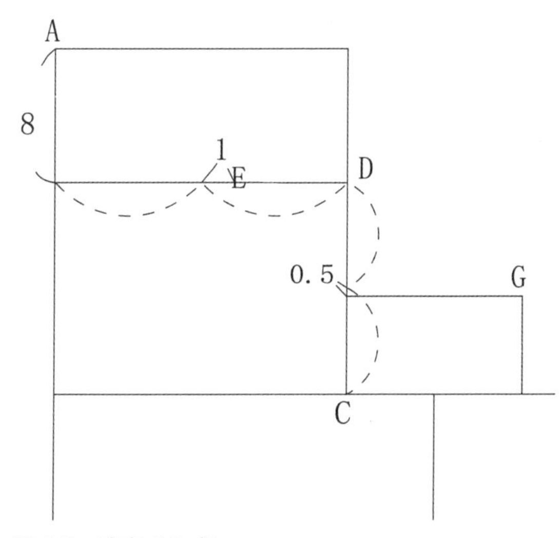

图 4.2　确定 EG 点

（8）绘制前衣片框架。选择垂直线 ，单击前中心线与 BL 线的交点，在输入框中输入“y25.1”（B/5+8.3），按【Enter】键，设定辅助点 B。

（9）绘制胸宽线。选择垂直线 ，在输入框中输入“16.7”（B/8+6.2）。单击 BL 线，在输入框中输入“y25.1”，按【Enter】键。选择水平线 ，连接 B 点到胸宽线。

（10）确定 BP 点。选择下拉菜单记号 / 标注 / 等分线标，分别单击胸宽线与 BL 线的交点、BL 端点。在输入框中输入“2”，按【Enter】键，完成二等分。选择垂直线 ，单击交点工具 ，在输入框中输入“–0.7”，按【Enter】键。分别单击 BL 线和左侧等分线标注弧线，画出任意长度垂线，该垂线与 BL 线的交点，即为 BP 点。（图 4.3）

（11）确定最终 G 点。选择垂直线 ，单击交点工具 ，在输入框中输入“–2.6”（B/32），按【Enter】键。分别单击 BL 线和胸宽线。向上作任意长度的垂线，将该垂线与 BL 线的交点设定为 F 点。选择连接角工具 ，圈选两条辅助线，确定最终 G 点。

（12）绘制侧缝线。选择下拉菜单记号 / 标注 / 等分线标，分别单击 C 点和 F 点，在输入框中输入“2”，按【Enter】键，完成二等分。选择垂直线 ，单击等分线标弧线，向下绘制垂线到 WL 线。（图 4.4）

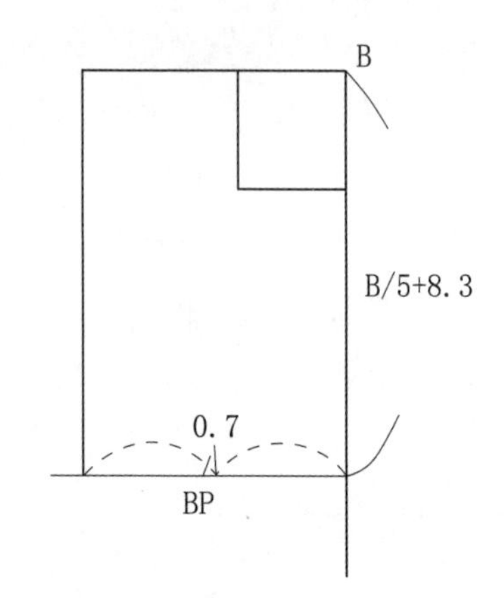

图 4.3　确定 BP 点

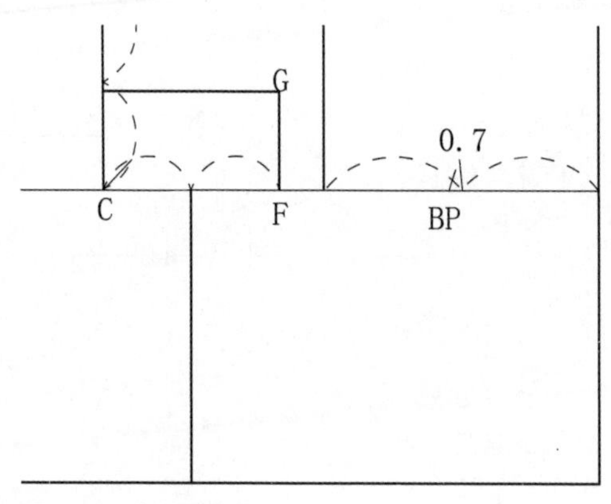

图 4.4　绘制侧缝线

二、绘制轮廓线

1. 绘制前领口弧线（图 4.5）

（1）绘制前领口弧线辅助框架。选择垂直线，在输入框中输入“6.9”（B/24+3.4= ◎），按【Enter】键。单击前片上平线，得到一交点 SNP 点，在输入框中输入“−7.4”（◎ +0.5），按【Enter】键。确定前横开领。选择水平线，先单击前横开领线段，再单击前中心线，前领口弧线辅助框架绘制完成。

（2）绘制领口。单击两点线工具，单击辅助框的对角两点作一斜线。选择下拉菜单记号 / 标注 / 等分线标，分别单击斜线两端点。在输入框中输入“3”，按【Enter】键，完成三等分。选择曲线工具，首先单击竖向前横开领辅助线顶端，然后在空白处过渡一点，选择交叉点，在输入框中输入“0.5”，按【Enter】键，单击辅助斜线，最后单击 1/3 等分线标弧线，确定第三点。在空白处过渡一点，选择端点，然后单击横向前横开领辅助线与前中心线的交点，绘制完毕。选择点列修正工具，修正前领口弧线。

（3）绘制前肩线。选择角度线，首先单击前片上平线，在输入框中输入“15”，按【Enter】键，输入肩线的假设长度，然后单击交点工具，最后单击上平线和竖向横开领辅助线，接下来在输入框中输入“22”（这里的数值22，代表的是前肩的倾斜度数，即22°），按【Enter】键。

选择单侧修正工具，单击前胸宽线，圈选肩斜线左侧部分，单击鼠标右键，将前胸宽线左侧部分的肩斜线删掉。选择长度调整工具，在输入框中输入“1.8”（1.8是前肩长度的调整常数），按【Enter】键，单击肩斜线和前胸宽线交点，再单击鼠标右键结束命令。

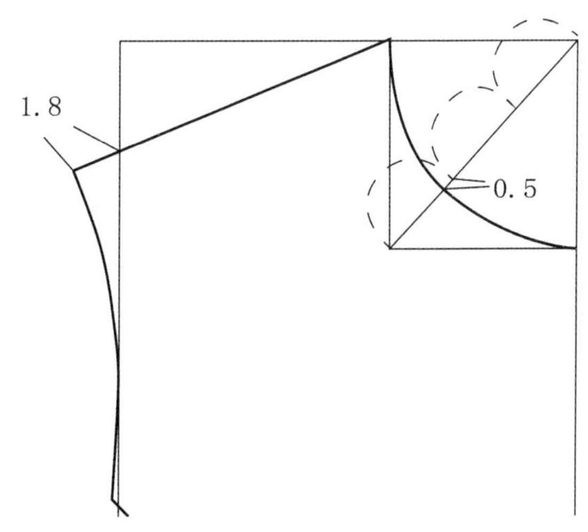

图 4.5 绘制前领口弧线

2. 绘制后领口弧线（图 4.6）

（1）选择垂直线工具，在输入框中输入“7.1”（◎ +0.2），按【Enter】键，单击后片上平线，向上作一任意长度的垂线。选择下拉菜单记号 / 标注 / 等分线标，分别单击A点和垂线与后上平线的交点，在输入框中输入“3”，按【Enter】键，完成三等分。

（2）选择端点距离工具，单击等分线标弧线，测量其中的一份为2.37。

（3）选择剪切线工具。在输入框中输入“2.37”，按【Enter】键，确定后领口SNP点。选择曲线工具，绘制后领口曲线。

3. 绘制后肩线（图 4.6）

选择水平线，单击后领口SNP点作一任意长度的水平线，与后领口高垂线构成角度。选择角度线，单击水平线，在输入框中输入“14.27”（前肩线长度+B/32–0.8），按【Enter】键，然后单击水平线构成角的端点，在输入框中输入“–18”（后肩斜角度18°），按【Enter】键，完成绘制。

4. 绘制后肩省（图 4.6）

选择垂直线工具，单击E点，向上作任意长度垂线与肩斜线相交。选择两点线，单击

E 点，先单击交点工具 ，在输入框中输入“–1.5”，按【Enter】键，单击肩斜线，再单击垂直线 ，得到后肩省左侧省线。再次选择两点线工具，单击 E 点，然后选择交点工具 ，在输入框中输入“–1.9”，按【Enter】键，单击肩斜线，最后单击左侧省线，完成右侧省线的绘制。

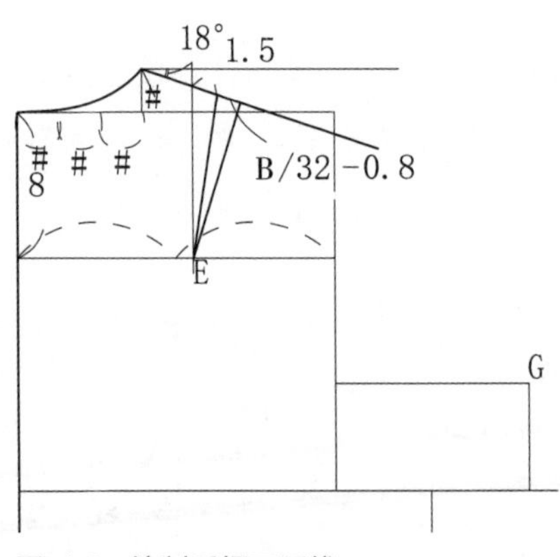

图 4.6　绘制后领口弧线

5. 绘制胸省（图 4.7）

选择两点线 ，连接 G 点和 BP 点。选择要素长度工具，单击该两点线，得到数值 11.8。选择角度线工具 ，在输入框中输入“11.8”，按【Enter】键，单击该两点线与 BP 点的交点端，在输入框中输入“–18”（B/4–2.5°），按【Enter】键，完成胸省的绘制。

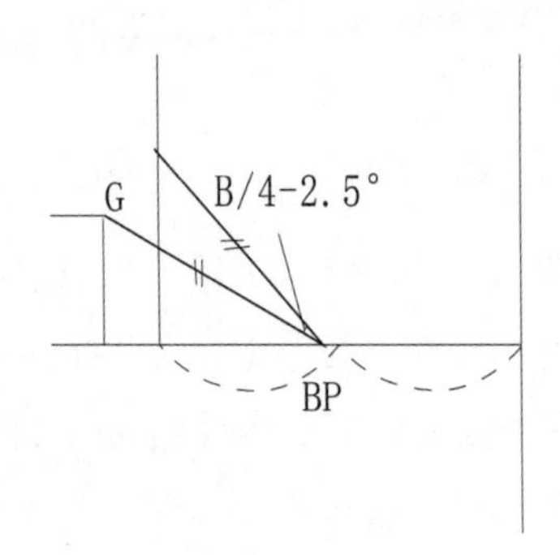

图 4.7　绘制胸省

6. 绘制后袖笼弧线（图 4.8）

（1）选择下拉菜单记号 / 标注 / 等分线标，分别单击 C 点和腋下点，在输入框中输入“3”，按【Enter】键，完成三等分。选择端点距离工具 ，单击等分线标弧线，测量其中的一份为 1.8，设定▲代表。

（2）选择角度线工具 。单击背宽线，在输入框中输入“2.6”（▲ +0.8），按【Enter】键，单击背宽线与胸围线的交点，在输入框中输入“–45”（反向角分线度数），按【Enter】键，完成辅助点设定。选择曲线工具 ，分别连接后肩端点，G 线与背宽线的交点，后袖笼弧线辅助点、腋下点，绘制完毕。

7. 绘制前袖笼弧线（图 4.8）

选择角度线工具，单击 F 点，在输入框中输入“2.3”（▲ +0.5），按【Enter】键，再次单击 F 点所在的线段，在输入框中输入“45”（角分线度数），按【Enter】键。完成前袖笼弧线辅助点。选择曲线工具，连接 G 点到前袖笼辅助点和腋下点，完成胸省下半部袖笼弧线的绘制。连接前肩端点到胸省上半部，完成上半部袖笼弧线的绘制。

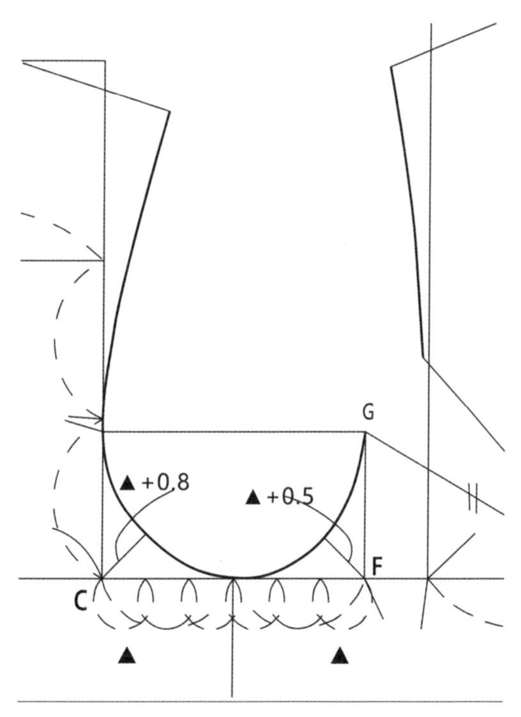

图 4.8　绘制前袖笼弧线

8. 绘制腰省［总省量 =B/2+6CM-（W/2+3CM）］（图 4.9）

（1）a 省。选择垂线工具，过 BP 点向下作垂线到 WL 线。选择两点线，在输入框中输入“2”，按【Enter】键，先单击该垂线，然后选择交点工具，在输入框中输入“0.75”（该省量为 1.5），按【Enter】键，完成单侧省线。再次选择两点线，单击已完成的省线顶端，然后选择交点工具，在输入框中输入“-0.75”，按【Enter】键，完成另一侧省线。

（2）b 省。先选择垂直线工具，然后选择交点工具，在输入框中输入“1.5”，按【Enter】键，单击 BL 线，最后单击 F 点所在的垂线。找到位置点后向下作垂线，单击投影点，再单击 WL 线。再次选择垂直线工具，单击新作垂线的上部端点，然后选择投影点，单击下部胸省省线，完成 b 省中线。选择两点线，单击省中线顶端，然后选择交点工具，在输入框中输入“0.8”（该省量为 1.6），按【Enter】键，分别单击 WL 线和省中线，完成单侧省线。同样操作，输入负值，完成省的绘制。

（3）c 省。选择两点线 ，单击侧缝线顶端，然后选择交点工具 ，在输入框中输入“0.6”（该省量为 1.2），按【Enter】键，分别单击 WL 线和省中线，完成单侧省线。同样操作，输入负值，完成省的绘制。

（4）d 省。选择垂直线工具 ，在输入框中输入“–1”，按【Enter】键，单击 G 线与背宽线交点侧。向下作垂线，单击投影点 ，单击 WL 线，完成省中线的绘制。选择两点线 ，单击省中线顶端，然后选择交点工具 ，在输入框中输入“1.9”（该省量为 3.8），按【Enter】键，分别单击 WL 线和省中线，完成单侧省线。同样操作，输入负值，完成省的绘制。

（5）e 省。选择垂直线工具 ，然后选择交点工具 ，在输入框中输入“–0.5”，按【Enter】键，分别单击横背宽线和肩省辅助线，确定省中心线的起点。选择两点线 ，单击省中线顶端，然后选择交点工具 ，在输入框中输入“1”（该省量为 2），按【Enter】键，分别单击 WL 线和省中线，完成单侧省线。同样操作，输入负值，完成省的绘制。

（6）f 省。选择曲线工具 ，单击横背宽线与后中心线交点端，在输入框中输入“0.8”，按【Enter】键，然后单击 WL 线，完成 f 省的绘制。

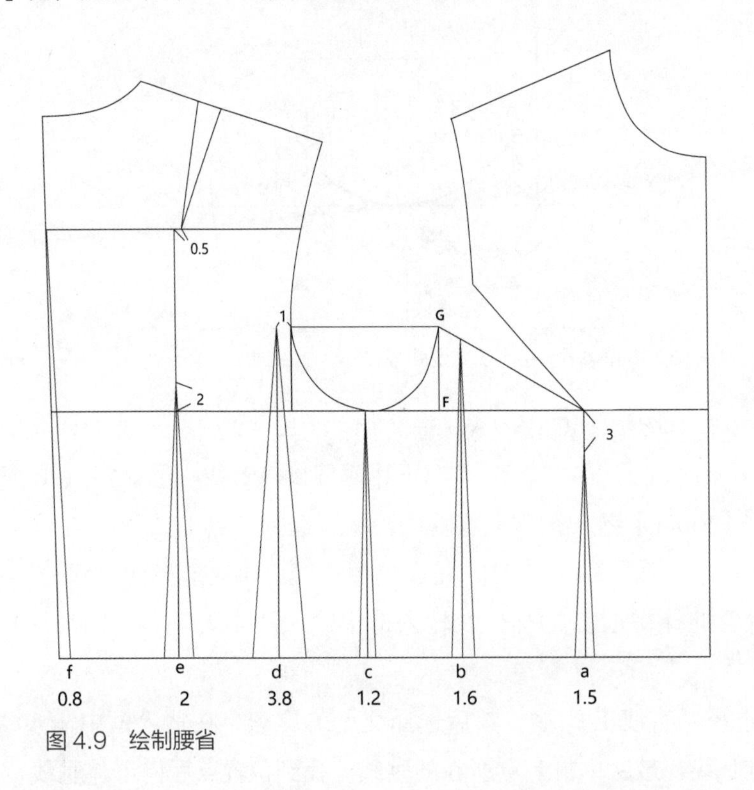

图 4.9　绘制腰省

三、袖原型制作

1. 绘制基础框架

（1）复制衣身原型，合并胸省。对合前后片，形成完整的袖笼弧线。

（2）选择垂直线工具 ，单击侧缝线顶端，向上作垂线。

（3）选择水平线 ，单击前后肩点，向外作水平辅助线。选择下拉菜单记号 / 标注 / 等分线标，选择交点工具 ，分别单击前后肩辅助线与辅助垂直线，在输入框中输入“2”，按【Enter】键，完成二等分。再次选择下拉菜单记号 / 标注 / 等分线标，分别单击前后肩差的 1/2 处和垂线与胸围线的交点，在输入框中输入“6”，按【Enter】键，完成六等分。（图 4.10）

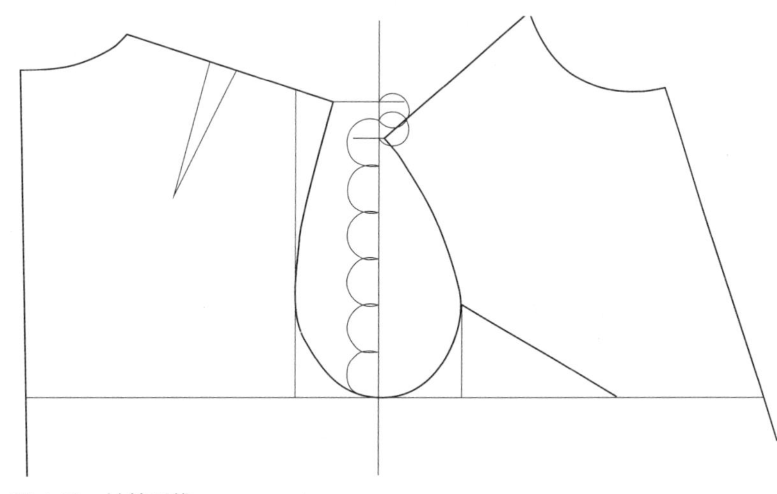

图 4.10　袖笼弧线

2. 绘制轮廓线

（1）选择要素长度工具 。分别测量前 AH=20.72CM，后 AH+1=22.76CM。单击垂线 5/6 处的等分弧线，然后单击胸围线，在输入框中输入“20.72”，按【Enter】键，作出前袖山斜线。以此类推，作出后袖山斜线。最后确定袖肥。（图 4.11）

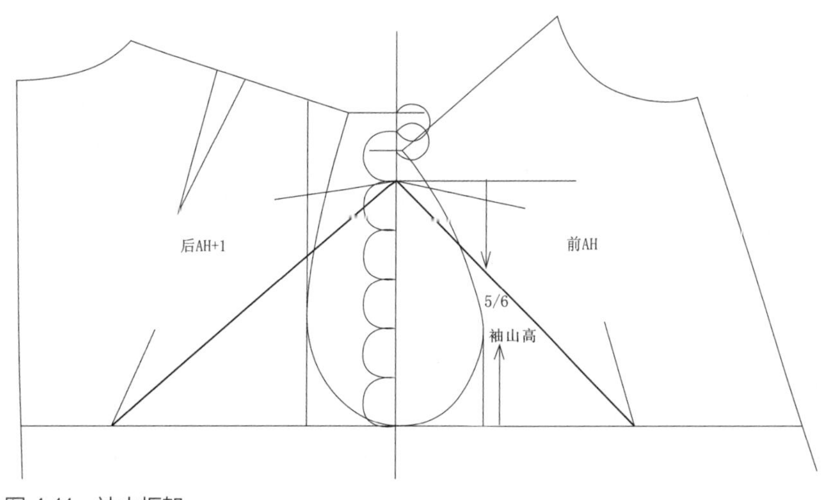

图 4.11　袖山框架

（2）绘制前袖山弧线。选择下拉菜单记号 / 标注 / 等分线标，分别单击前袖山斜线的起始两端，在输入框中输入“4”，按【Enter】键。然后选择垂线工具 。单击前袖山斜线，在输入框中输入“1.8”，按【Enter】键。单击 1/4 等分线标弧线，单击袖山斜线外侧。完成第一个辅助点。

（3）复制前后袖笼弧线底部到袖山底部。选择指定移动复写工具，将袖笼弧线底部线段复制到相对应的袖山底部。（图 4.12）

（4）选择曲线工具 ，单击袖山顶点，再单击第一个袖山辅助点，然后选择交叉点工具 ，在输入框中输入“-1”，按【Enter】键。分别单击袖山斜线和 G 线延长线，在空白处过渡一点，然后选择端点工具 ，单击复制过来的袖笼曲线端点，完成绘制。单击点列修正工具 。修正前袖笼曲线造型。（图 4.12）

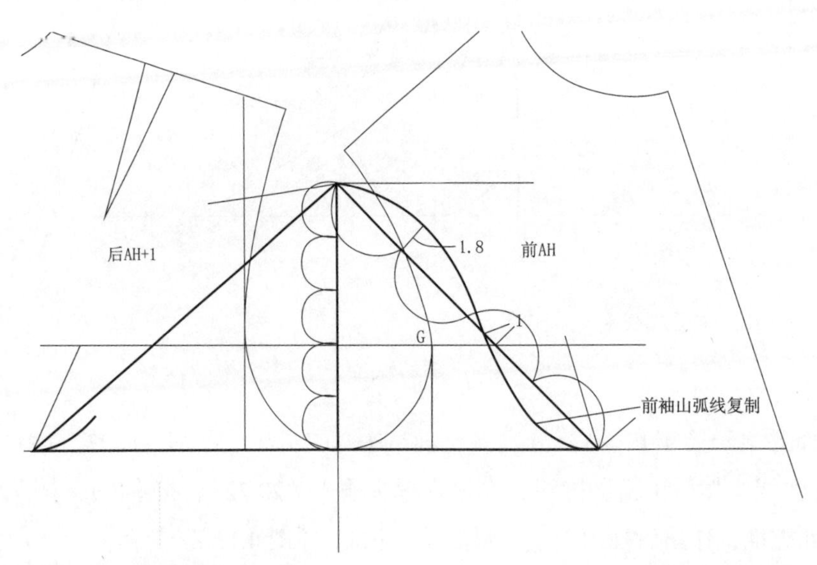

图 4.12　前袖山弧线

（5）绘制后袖山弧线。选择端点距离工具 ，测量前袖山斜线 1/4 的长度为“5.18”。选择垂线工具 。单击后袖山斜线，在输入框中输入“1.9”，按【Enter】键。再次在输入框中输入“5.18”，按【Enter】键，进行垂线定位。单击后袖山斜线，单击袖山斜线外侧，确定后袖山弧线辅助点。（图 4.13）

（6）选择曲线工具 ，先单击袖山顶点，再单击第一个袖山辅助点，然后选择交叉点工具 ，在输入框中输入“1”，按【Enter】键。分别单击袖山斜线和 G 线延长线，空白处过渡一点，然后选择端点工具 ，单击复制过来的袖笼曲线端点，完成绘制。单击点列修正工具 ，修正后袖笼曲线造型。（图 4.13）

（7）完成袖片绘制。选择剪切线工具 ，在输入框中输入“54”，按【Enter】键。单击袖山顶端，再单击鼠标右键，完成袖长绘制。选择垂直线工具，分别单击前、后袖肥，向下

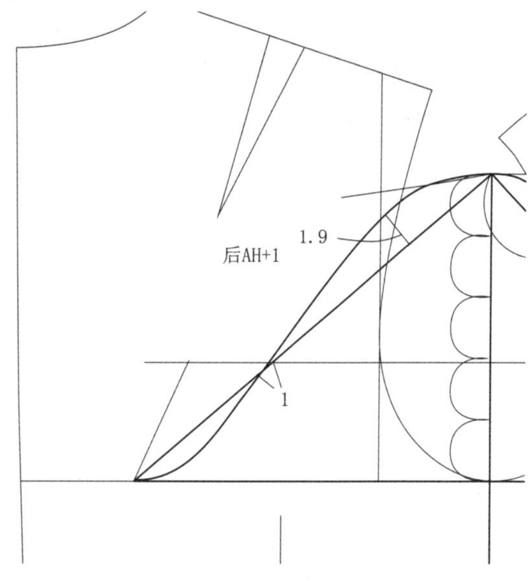

图 4.13 后袖山弧线

作垂线，完成袖中线。然后选择水平线，单击袖中线，向左、右两侧作袖口线，选择连接角，分别圈选袖口两端，修正完成。选择水平线，在输入框中输入“29.5”（袖长 /2+2.5），按【Enter】键。单击袖中线顶端，作出袖轴线，使之交于前袖缝线。选择单侧修正工具修正多余的水平线。选择垂直反转复写工具，复制袖轴线。完成袖体（图 4.14）、原型袖（图 4.15）、原型衣片（图 4.16）的绘制。

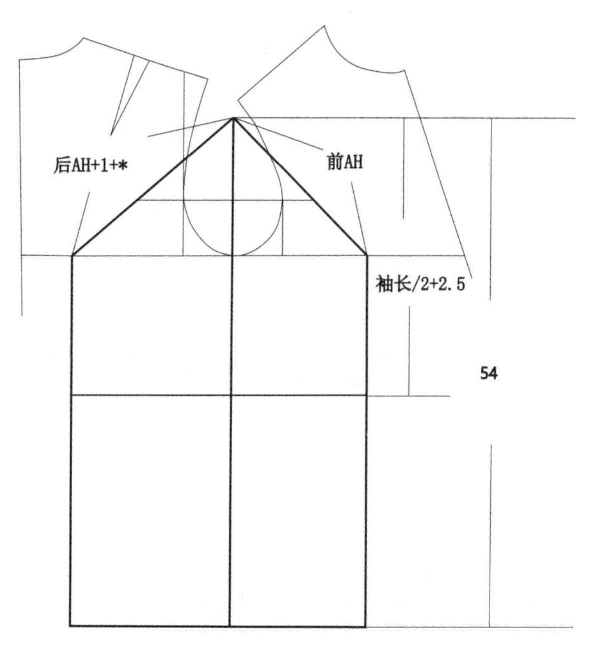

图 4.14 袖体

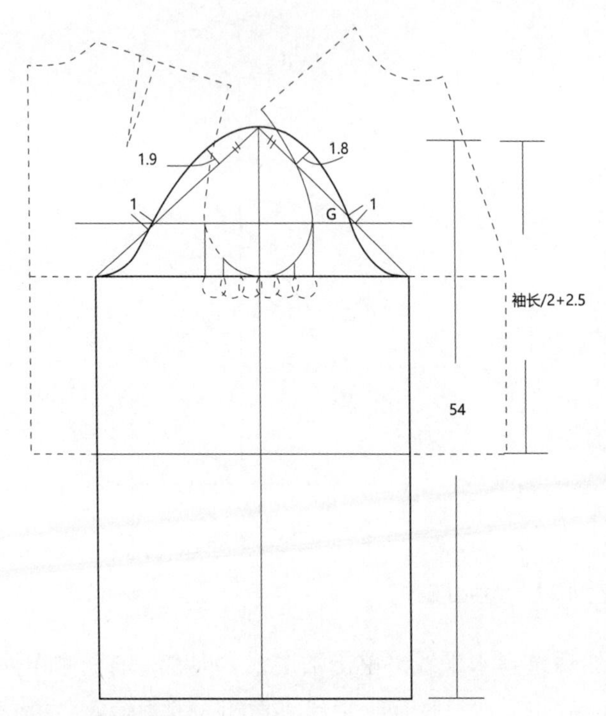

图 4.15 原型袖

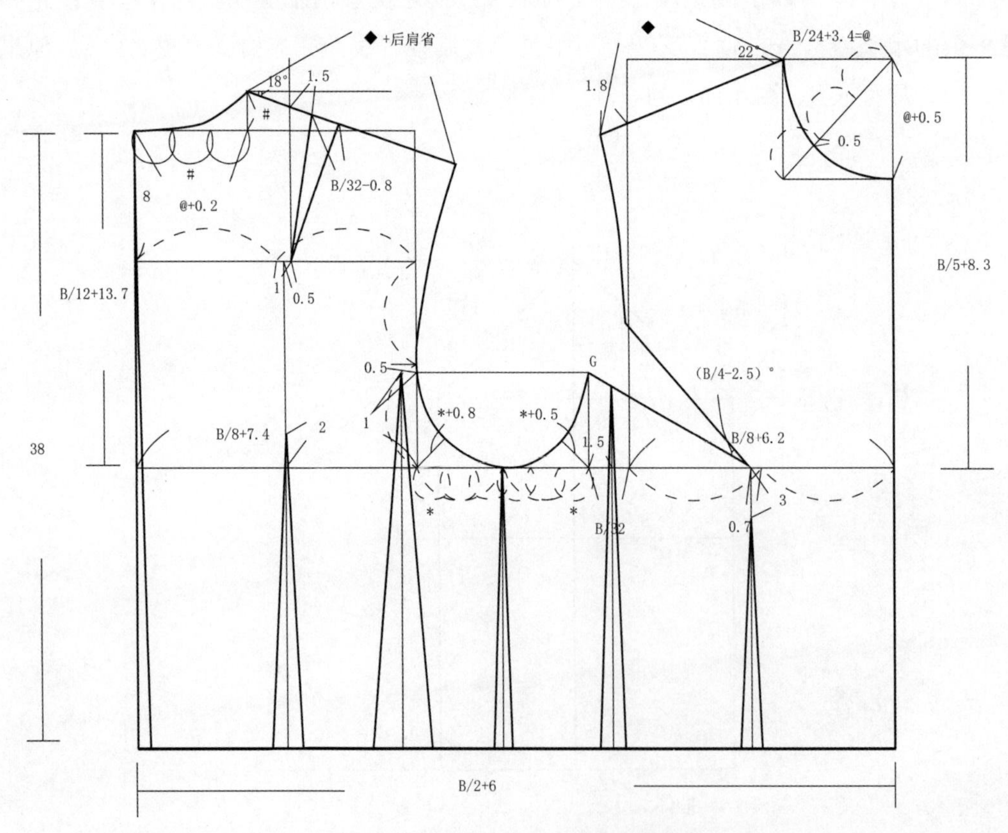

图 4.16 原型衣片

第二节　西裤制图

基本尺寸：裤长 /104cm；臀围 /90cm；腰围 /78cm。

一、绘制前片基础框架（图 4.17）

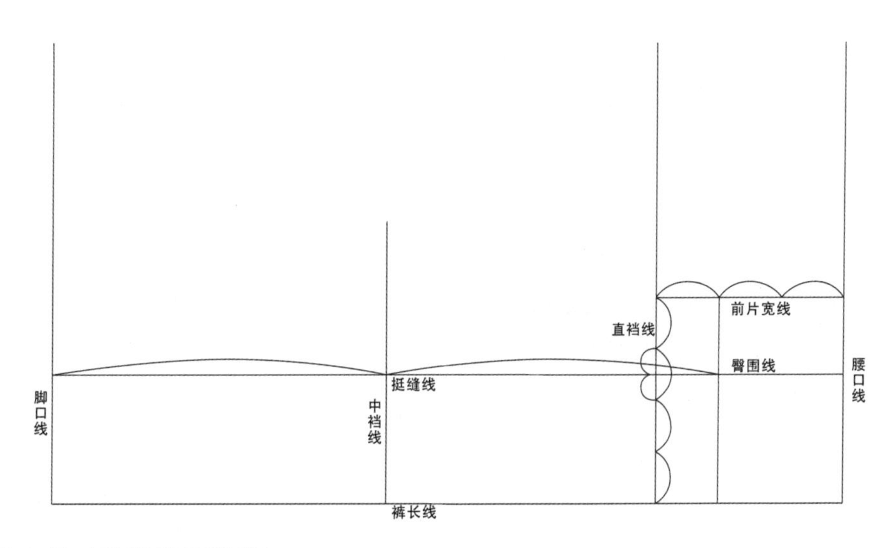

图 4.17　绘制前片基础框架

（1）选择垂直线 ▮，在画面中单击任意一点，作一任意垂线，即腰口线。选择水平线 ▬，单击垂线底端，在输入框中输入“104”（成品裤长 -4cm），按【Enter】键。再次选择垂直线 ▮，单击水平线末端，再作一条垂线，即脚口线。

（2）选择间隔平行工具 ▧，单击腰口线。在输入框中输入“25”（臀长 -2cm），按【Enter】键，作出直裆线。

（3）选择水平线 ▬，在输入框中输入“26.25”（H/4+2.5），按【Enter】键，作出前片宽。选择下拉菜单记号 / 标注 / 等分线标工具，在直裆线上，单击其与前片宽的交点，再单击其与裤长线的交点，在输入框中输入“4”，按【Enter】键，作出四等分。再次选择下拉菜单记号 / 标注 / 等分线标，分别单击二等分弧线的两点，在输入框中输入“2”，按【Enter】键，作出二等分。选择水平线 ▬，单击二等分弧线的中间点，分别向脚口线和腰口线作水平线，完成挺缝线的绘制。

（4）臀围线。选择下拉菜单记号 / 标注 / 等分线标工具，单击前宽线和直裆的交点，再单击前宽线和腰口线的交点，在输入框中输入“3”，按【Enter】键。作出三等分。选择垂直线 ▮，单击其左侧 1/3 处，向下作垂线交于裤长线。臀围线绘制完毕。

（5）中裆线。选择下拉菜单记号 / 标注 / 等分线标工具，单击挺缝线和脚口线的交点，再单击挺缝线和臀围线的交点。在输入框中输入“2”，按【Enter】键。作出二等分。选择垂直线 ▮，单击其 1/2 处，向下作垂线交于裤长线。中裆线绘制完毕。

二、绘制前片轮廓线

（1）小裆宽。选择切断工具 ▮，以前片宽线为准，切断直裆线。选择端点距离工具 ▮，测量直裆的 1/4 处为“6.56”（●号代替）。选择剪切线工具 ▮，单击直裆线与前片宽线交点，在输入框中输入“5.56”（● –1），按【Enter】键。完成小裆宽绘制。（图 4.18）

（2）绘制小裆弧线。选择两点线 ▮，连接小裆宽顶点和臀围线顶点。选择角度线 ▮，单击前片宽线顶点，在输入框中输入“7”（任意长度，与斜线相交），按【Enter】键。再次单击前片宽线顶点，在输入框中输入“45”（45° 角分线），按【Enter】键。选择单侧修正工具 ▮，修正多余的对角线。选择下拉菜单记号 / 标注 / 等分线标工具，单击修正后的角分线两端，在输入框中输入“3”，按【Enter】键，将角分线分成三等分。（图 4.18）

（3）选取曲线工具 ▮，分别连接小裆宽顶点，角分线下 1/3 点，最后一点为臀围线和前片宽线交点，最后一点交于腰口线和前片宽线交点向下 1cm 处。绘制完成。（图 4.18）

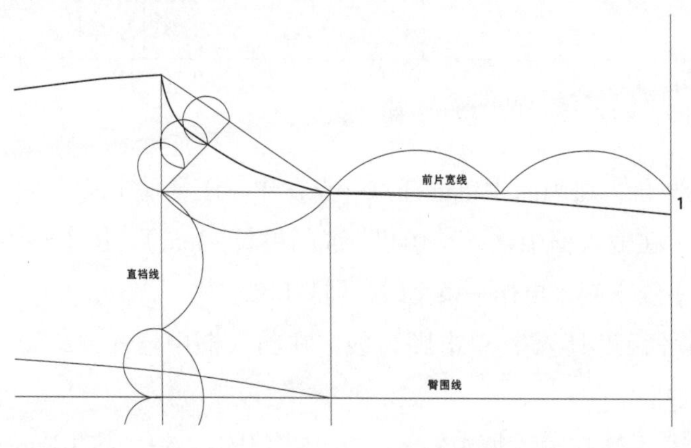

图 4.18　前小裆线

（4）绘制外侧裤缝线。首先计算脚口尺寸，即 H/5+2=20.8。选择两点线工具 ▮，再单击交点工具 ▮，在输入框中输入“10.4”（脚口的一半），按【Enter】键，然后分别单击交口线和挺缝线，再次选择两点线 ▮，从中裆线到臀围线外侧端点，绘制一条辅助线。再次选择两点线 ▮，单击脚口辅助线端点，选择交点 ▮，在输入框中输入“–1.5”（常数），按【Enter】键。然后分别单击中裆线和外侧辅助线，绘制出外侧脚口到中裆线。最后选择曲线 ▮ 圆顺连接中裆到臀围线，完成基本的裤外侧轮廓线。（图 4.19）

（5）绘制内侧裤缝线。选择端点距离 ▮，测量中裆实际宽度。然后用两点线工具 ▮ 绘

制内侧脚口到中裆线。继续选择曲线工具 ，连接内侧中裆端点到小裆宽端点，并进行修正。（图 4.19）

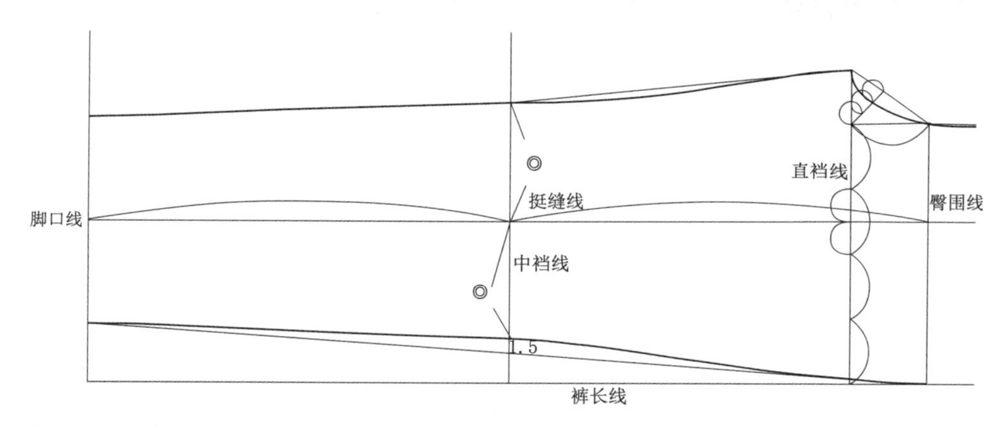

图 4.19　前轮廓线

（6）绘制腰部。选择曲线工具 ，单击前宽向下 1cm 点，然后在空白处过渡两点，在输入框中输入“–0.5”（常数），按【Enter】键。单击侧缝在腰部的端点，然后选择连接角工具 连接侧缝和腰口轮廓线。（图 4.20）

（7）绘制前片褶裥。计算腰围尺寸，计算褶裥的量。选择垂线工具 做腰口轮廓线的 5cm 长的褶裥，开始位置为挺缝线上 0.8cm 处。然后选择间隔平行工具 作所求褶裥的量的平行线。选择两点线 ，封住褶裥底部，再次选择两点线 ，作偏移 0.5cm 的实际褶裥线。最后选择记号 / 标注 / 斜线，给褶裥作斜线标注。绘制完成。第二个褶裥作法与此相同。（图 4.20）

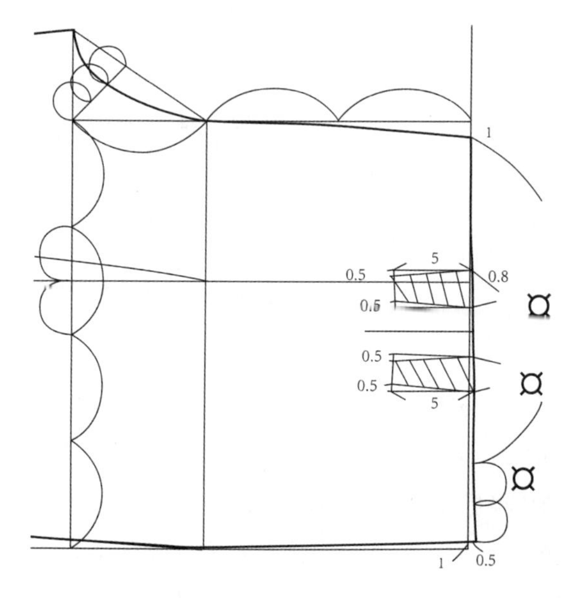

图 4.20　前片腰部

三、绘制后裤片

选择指定移动复写工具，复制前裤片，整理裤片，以备绘制后裤片。（图 4.21）

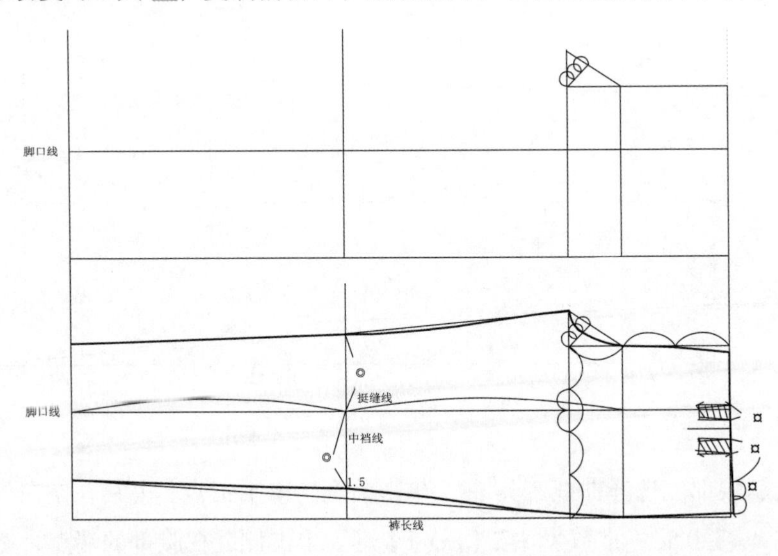

图 4.21　复制前裤片

（1）绘制后片内侧弧线。选择两点线，连接内侧脚口和中裆（H/5+5= 脚口，◎ +1.5= 中裆宽）。再次连接中裆到大裆宽点，并将其作为辅助线，然后选择曲线工具绘制外轮廓，使内侧弧线平顺。（图 4.22）

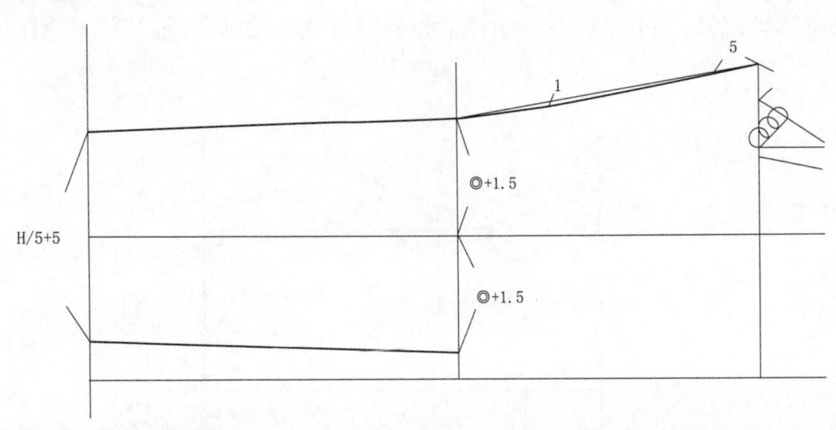

图 4.22　后片内侧弧线

（2）绘制大裆弧辅助线。选择长度调整工具，在输入框中输入“4”（常数），按【Enter】键。单击小裆宽顶端，单击鼠标右键结束命令。接下来绘制腰口线到直裆线之间的辅助线，首先选择下拉菜单记号 / 标注 / 等分线标工具，在腰口线上，指示前片宽线到挺缝线之间的距离，作二等分，完成腰部辅助点的确定。接下来选择两点线工具，首先选择腰部辅助点下 1cm 处，绘制到小裆宽与前片宽线交点下 1cm 处，完成大裆弧辅助线绘制。（图 4.23）

（3）绘制弧线。选择曲线工具 ，圆顺连接大裆宽下 0.6cm 处到小裆宽角分线下 1/3 处，使之与大裆辅助线重合。绘制完毕。（图 4.23）

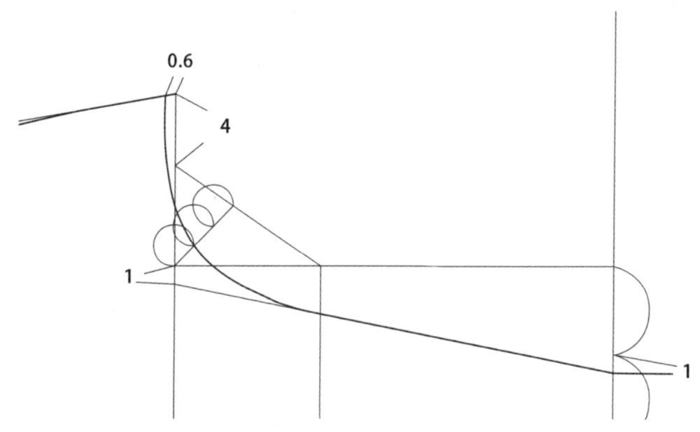

图 4.23 大裆弧线

（4）绘制后片臀围线辅助点。选择垂线工具 ，单击后片宽线，在输入框中输入“26”（H/4+2.5），按【Enter】键。再次单击臀围线，确定后片臀围线和实际宽度。选择曲线工具 ，单击中裆，从后片臀围宽点拖到腰口线。完成基本绘制。（图 4.24）

（5）后片腰口线绘制。选择长度调整工具 ，在输入框中输入“3”（常数），按【Enter】键。然后单击后片宽线与腰口辅助线相交端，单击鼠标右键结束命令，绘制后片翘势。选择长度线工具 ，单击翘势端，再次单击腰口辅助线，在输入框中输入“22”[（W+2）/4+1.5+0.5]，按【Enter】键。（图 4.24）

（6）绘制侧缝腰口起翘。选择长度调整工具 ，延长侧缝腰口端点 0.5cm，然后选择端移动，移动腰口线到该点。（图 4.24）

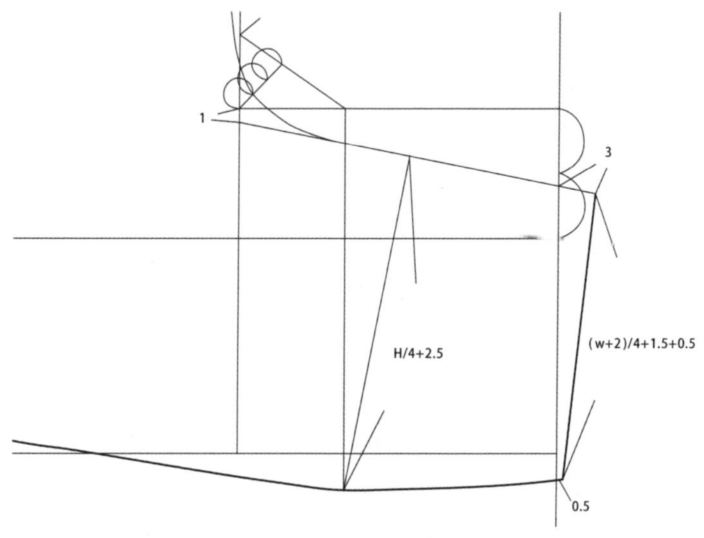

图 4.24 侧缝腰口起翘

（7）绘制后片口袋。选择间隔平行工具 ，作腰口 7cm 的平行线，即兜口线。选择垂线工具 ，在兜口线上作距离侧缝 4cm 的垂线，长度 0.5cm。同时，在兜口的另一边作垂线，长度为 13cm，高度为 0.5cm。然后选择两点线连接两条垂线，完成单侧兜牙。选择要素反转复写工具 ，复制另外一侧兜牙。（图 4.25）

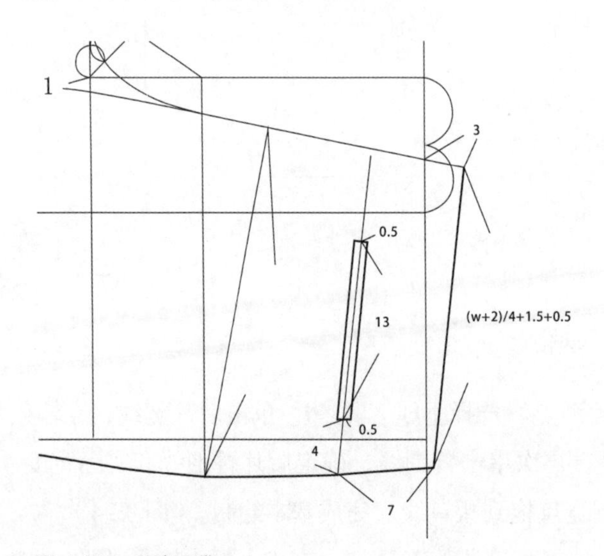

图 4.25 后片口袋

（8）绘制后片省道。选择下拉菜单记号 / 标注 / 等分线标工具，单击袋口两端，在输入框中输入“2”，按【Enter】键。选择垂线工具 ，在袋口 1/2 的位置作 7cm 的垂线交于腰口线。然后选择省道工具 ，作 1.5cm 的省道。最后选择省折线工具 ，完成省道绘制。（图 4.26、图 4.27）

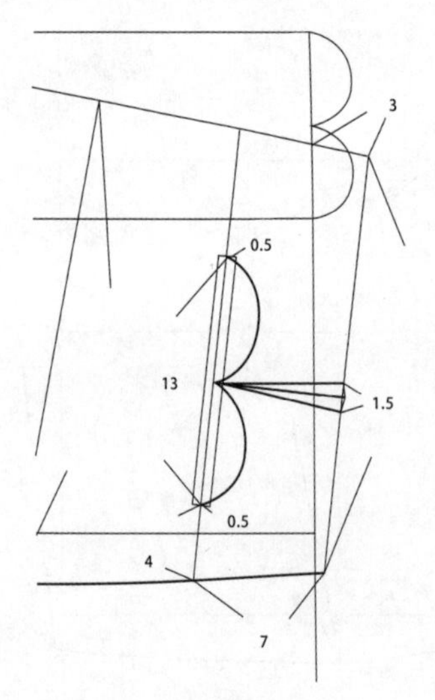

图 4.26 后片省道

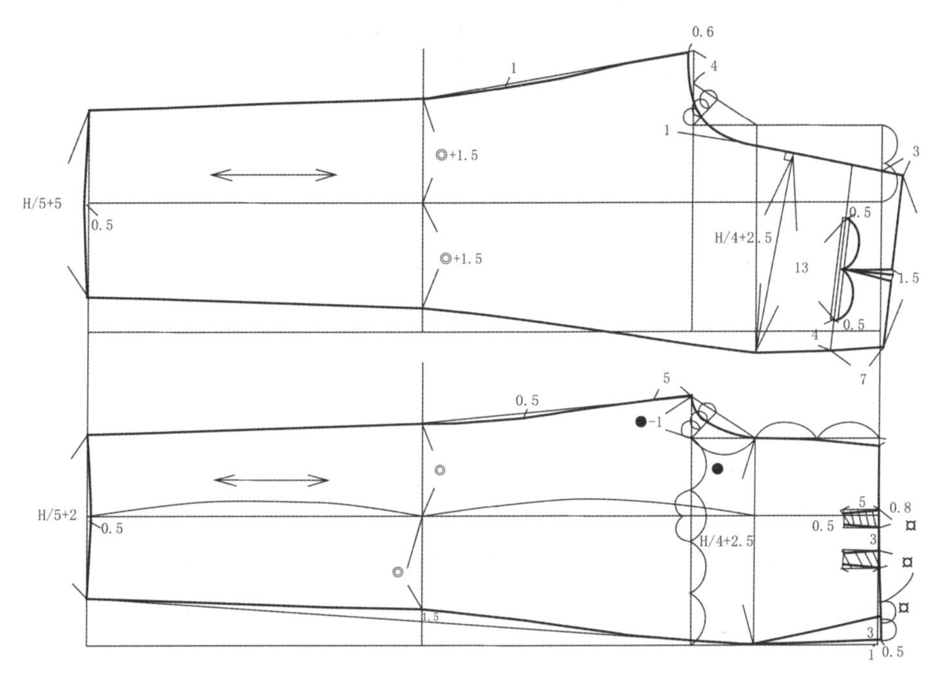

图 4.27 省道完成图

第三节 连衣裙制图

该款式为合体连衣裙，裙身以胯部横向分割线为界，以上为合体连立领的衣片结构，即合体立领结构与前衣片融为一体，并且从连立领领口线向下作 6 条不规则分割线，同时隐藏省道。这说明前片结构为不对称、不规则造型。同时，在人体胯部以下为散摆 A 型裙，并且在裙上口与衣身连接处，密布排列大量规则、细密的褶裥过渡造型，直到底摆加大量展开。（图 4.28、图 4.29）

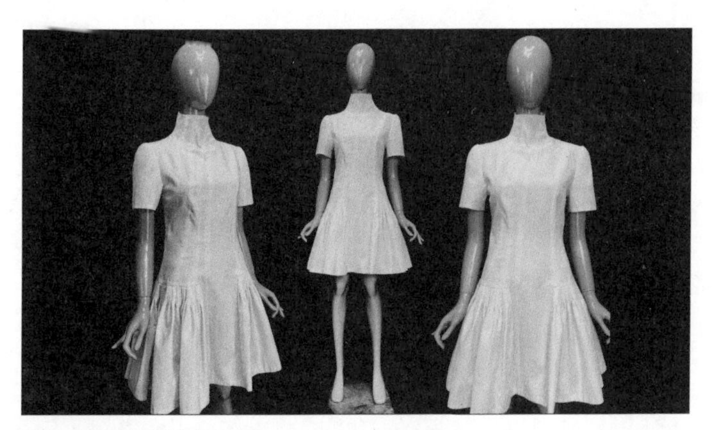

图 4.28 连衣裙成衣

图 4.29　连衣裙款式图

该款式使用原型制图的方法，同时结合款式图和人台从平面到立体再回到平面的结构分析思路，在 NAC 服装制板系统内进行结构制图。

一、原型调整

1. 后肩省的分散

（1）首先选择两点线，单击后肩省省尖位置，再选择比率点，并在输入框中输入“0.33”，按【Enter】键，然后单击后领弧线，作后领弧线 1/3 处到后肩省的两点线。再次选择两点线，单击后肩省省尖位置，然后选择投影点，再单击后袖笼线的任意位置，作后袖笼到后肩省的两点线。

（2）选择切断工具。依据新作的两点线和省线，依次切断后领弧线、后小肩斜线、后袖笼弧线。

（3）选择检查 / 两直线夹角工具。单击后肩省两侧省线，得到的度数为“11.4° ”。选择角度旋转工具，依次指示后领口部分，将后肩省的一般省量转移到领口，即转移“5.7° ”。也可以使用旋转移动工具，将剩下的一般肩省量闭合，整理闭合曲线，可以使用曲线拼合工具、点列修正工具。分散肩省完成。（图 4.30）

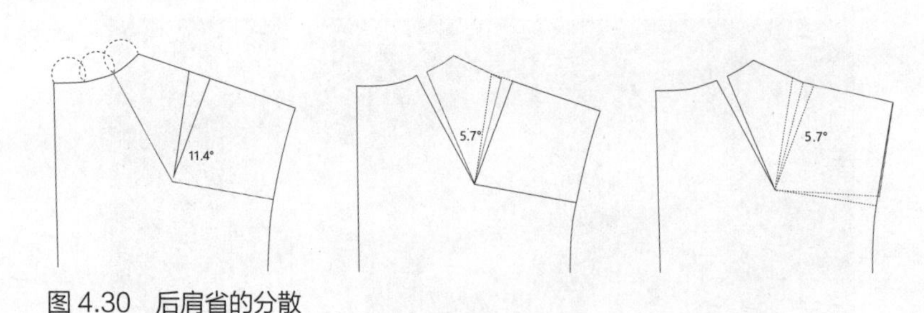

图 4.30　后肩省的分散

2. 闭合侧腰省

首先，选择切断工具 ，将与侧腰省连接的胸围线、腰围线、胸省线闭合的要素切断，使用删除工具 ，将切断后的部分要素删除。整理完毕，选择旋转移动工具 ，将前片侧腰省闭合。然后，继续使用切断工具 、删除工具 ，将后片侧腰省的一半进行闭合转移，操作方法同前片，使后片侧腰省到侧缝部分整体位移。最后，对改变的袖笼曲线进行调整。这时，可以看到，原型的整体结构发生了变化。(图 4.31)

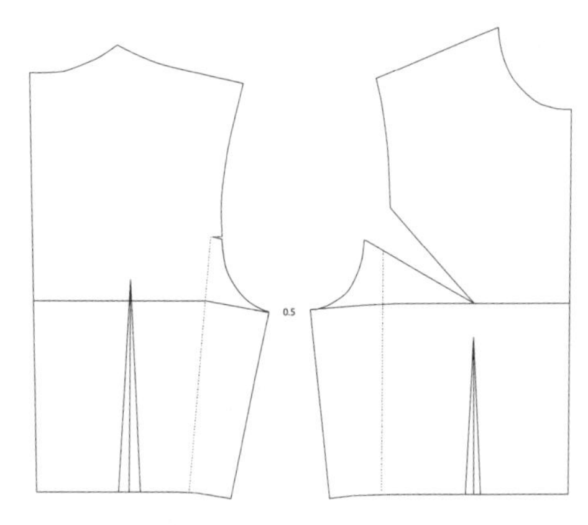

图 4.31 闭合侧腰省

3. 原型围度调整

原型目前测量的胸围为 92cm，案例成品胸围为 88cm。所以，需要在胸围处去掉 4cm 的放松量。首先，在原型衣片的侧缝处一共去掉 2cm，每个侧缝处为 0.5cm。选择垂直线工具 ，在输入框中输入“0.5”，单击胸围线侧缝处，向下作垂线，后片相同。然后，选择端移动工具 ，将袖笼腋下点位置移动到新绘制的垂线端，完成胸围部分向内的移动。同时使用连接角工具，连接垂线和腰围线部分，使腰围线与垂线垂直。(图 4.32)

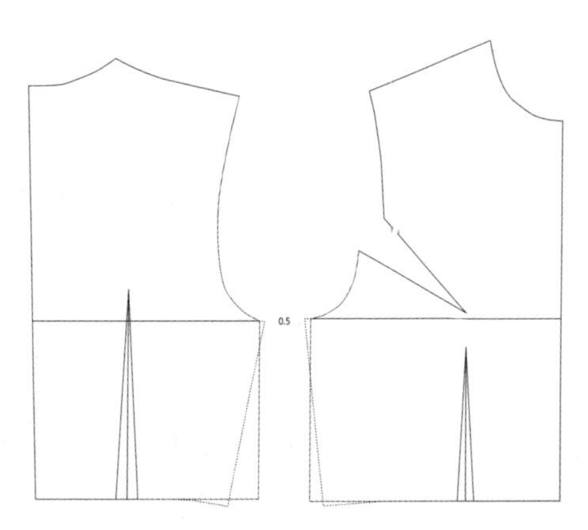

图 4.32 原型围度调整

二、基本结构的建立

1. 长度框架（图 4.33）

依据款式，设定腰围线到裙摆的长度为 50cm，首先选择垂直线工具 ，在输入框中输入“-50”，按【Enter】键。同样，在后中心线腰围处，也向下延长 50cm，确定相应位置点。选择水平线 ，从长度的位置点，水平绘制任意长度底摆线。然后，选择垂线工具 ，分别从前、后衣片侧缝处向下绘制任意长度垂线，与水平的底摆线相交。使用连接角工具 ，选择底摆线与侧缝线相交的部分，完成长度框架的绘制。

2. 臀围线（图 4.33）

选择间隔平行工具 ，单击腰围线，在输入框中输入“18”，按【Enter】键，后片操作方法相同。

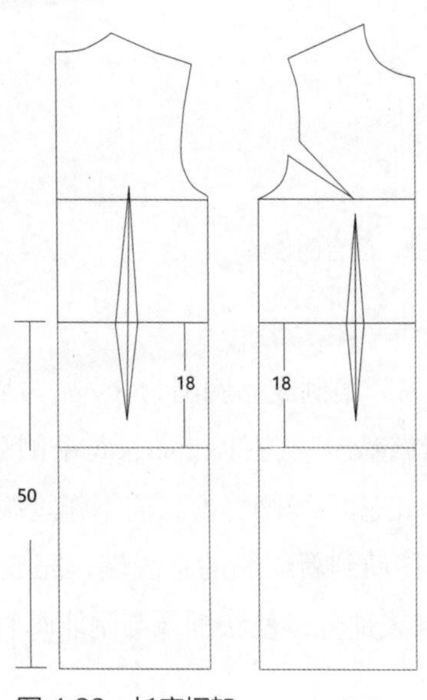

图 4.33　长度框架

3. 腰部结构（图 4.34）

使用要素长度工具 ，测量目前板型腰围尺寸为 92cm。成品腰围设定为 68cm，因此目前腰围的放松量为 24cm。

（1）处理后片腰部结构。选择曲线工具 ，在输入框中输入“8”，按【Enter】键，单击后中心线上部，然后依次在空白处过渡任意点；在输入框中输入“1.5”，按【Enter】键，单击后片腰围线靠近后中心线端；在输入框中输入“1”，按【Enter】键，单击臀围线靠近后中心线端，以及底摆线靠近后中心线端，单击鼠标右键完成操作。选择点列修正工具 ，进行后中曲线的造型调整。

（2）绘制后腰省前，删除现有省线，保留省中线。选择省道工具 ，在输入框中输入

"4"，单击后腰省中线，完成省道4cm的开省。

（3）侧缝线绘制。目前板型臀围的尺寸为90cm，案例款式设定的臀围为97cm，需要在臀围处增加7cm的松量。前片增加1.5cm，后片增加2cm。选择长度调整工具 ，在输入框中输入"2"，先单击后臀围线靠近侧缝端，再单击鼠标右键完成操作；继续在输入框中输入"1.5"，先单击前臀围线靠近侧缝端，再单击鼠标右键结束命令。接下来，选择曲线工具 ，先单击后片腋下点，然后在输入框中输入"1.5"，按【Enter】键，单击后片腰围线靠近侧缝端，也就是腰围侧缝处收掉1.5cm的省，然后在空白处任意点单击，在输入框中输入"0"，按【Enter】键，单击臀围线侧缝端；然后垂直向下绘制，到底摆任意处单击，结束绘制。选择角连接工具 ，封住侧缝线和底摆；选择点列修正工具 ，对侧缝线进行造型调整。前片操作相同，腰部收掉1.5cm的省，过臀围外放1.5cm的端点，曲线绘制完成。

（4）前片腰省。目前腰省放松量共计8.5cm，也就是说，前片腰省应该是2.5cm。选择省道工具 ，在设定对话框中输入"2.5"，单击省中线，开省操作完成。

4. 横向分割线（图4.34）

根据对款式的分析，这条横向分割线是衣片上部合体的终点，也是下部裙片开始的位置。这里设定为臀围线上4cm处。选择间隔平行命令 ，单击前片臀围线，指示平行侧，在输入框中输入"4"，按【Enter】键，完成分割线绘制。后片操作相同。选择单侧修正工具 ，去除多余的要素。同时，选择两点线工具 ，完成前、后衣片腰省下半部分的绘制。

在横向分割线下，有一条纵向分割线，使前片上部结构延伸到裙片部分。这条分割线的右侧是裙片部分。选择垂线工具 ，在输入框中输入"6"，按【Enter】键，单击横向分割线靠近前中心线端，向下绘制使之交于底摆线。

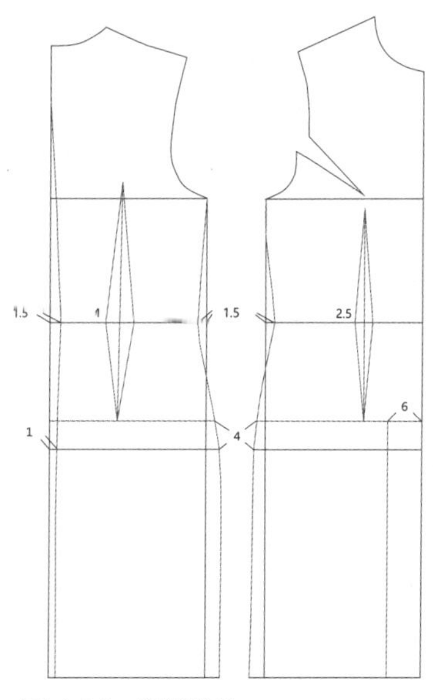

图4.34 腰部结构

5. 领部结构（图 4.35）

领部主要是与衣片合成一体的连立领结构。首先选择垂直线工具，单击前片侧颈点，输入“7”，按【Enter】键，确定领高。选择水平线工具，单击领高点，绘制向前中心线方向任意长度的水平线。再次选择垂直线工具，单击前颈点，向上作任意长度垂线，与水平线相交。选择角连接工具，处理相交后多余的要素。然后选择两点线工具，从原型前片侧颈点起，向领口上平线内 1cm 处连线。完成后，选择记号 / 标注 / 等分线标工具，单击前小肩两端点，将两端点之间的距离作三等分。再选择曲线工具，绘制 5 个点，连接前小肩靠近前片侧颈点方向的 1/3 处，绘制到上领口向内 1cm 位置点，绘制完毕选择点列修正工具，修正曲线造型。

6. 领上口线（图 4.35）

继续使用曲线工具，绘制领上口线。起点是领上口向内 1cm 处，中间过渡 4 个点绘制到领上口前中心线向下 0.6cm 处。选择点列工具修正上领口曲线。前连立领外轮廓框架绘制完毕。后连立领外轮廓线，操作同前片。需要注意，绘制时，前、后连立领的上领口线侧颈点，分别到前、后小肩肩端点的曲线长度，前后这一区间的曲线长度要等长。接下来绘制连立领上的省道，领上口为 0.5cm，下部连接领省。选择两点线工具，从领省中心点向领口线作省中线，再选择切断工具，将领口弧线切断。选择两点线工具，分别点击领省两侧省线，在输入框中分别输入“0.25”“-0.25”，完成两侧省线的绘制。

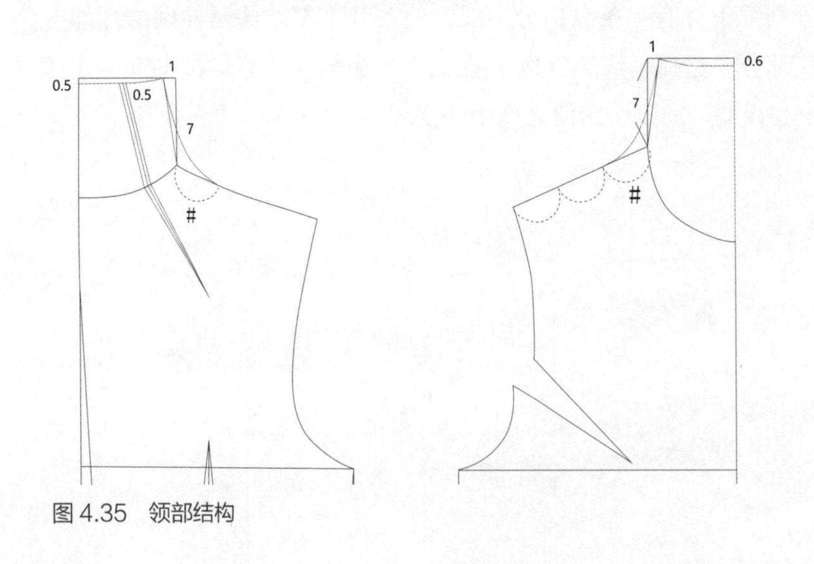

图 4.35　领部结构

三、前衣片结构

首先选择垂直反转复写工具，以前中心线为准，复制除裙片以外的前衣片。目标是进行不规则、不对称的分割线设置。

（1）第一条分割线：选择曲线工具，在输入框中输入“2.5”，按【Enter】键，单击上领口左侧端，继续向下绘制，在空白处单击过渡点；选择端点工具，单击左侧袖笼省省尖，继续向下绘制，在空白处单击过渡点；在输入框中输入“13”，单击左侧侧缝靠近横向分割线端，完成绘制。选择点列修正工具，进行曲线修正。（图 4.36）

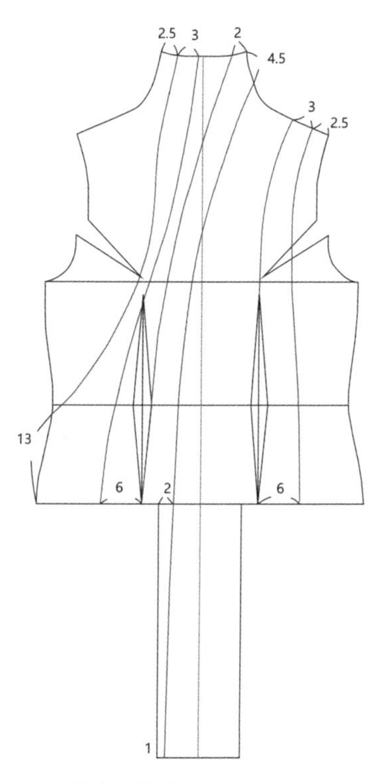

图 4.36　前衣片结构

（2）第二条分割线：选择曲线工具，在输入框中输入“5.5”，按【Enter】键，单击上领口左侧端，继续向下绘制，在空白处单击过渡点；选择端点工具，单击前片左侧腰省上部省尖，继续向下绘制，在空白处单击过渡点；选择交点工具，在输入框中输入“–6”，按【Enter】键，单击前左片横向分割靠近腰省端，再单击右侧腰省靠近分割线端，完成绘制。选择点列修正工具，进行曲线修正。（图 4.36）

（3）第三条分割线：选择曲线工具，在输入框中输入“1.6”，按【Enter】键，单击上领口右侧端，继续向下绘制，在空白处单击过渡点；选择端点工具，单击前片左侧腰省靠近腰线端，完成绘制。选择点列修正工具，进行曲线修正。（图 4.36）

（4）第四条分割线：选择曲线工具，在输入框中输入“6”，按【Enter】键；单击右侧小肩斜线靠近右侧领口端，继续向下绘制，在空白处单击过渡点；选择端点工具，在输入框中输入“2”，首先单击前片左侧横向分割线，然后单击纵向分割线，继续向下绘制；选择交点工具，在输入框中输入“1”，按【Enter】键，单击前底摆线靠近左片纵向分割

线端，完成绘制。选择点列修正工具 ，进行曲线修正。（图 4.36）

（5）第五条分割线：选择曲线工具 ，在输入框中输入“7”，按【Enter】键；单击右侧肩端点，继续向下绘制，在空白处单击过渡点；选择端点工具 ，单击前片右侧腰省上部省线，完成绘制。选择点列修正工具 ，进行曲线修正。（图 4.36）

（6）第六条分割线：选择曲线工具， ，在输入框中输入“4”，按【Enter】键；单击右侧肩端点，继续向下绘制，在空白处单击过渡点；在输入框中输入“9”，按【Enter】键；单击前片右侧横向分割线靠近右侧侧缝线端，完成绘制。选择点列修正工具 ，进行曲线修正。（图 4.36）

（7）前衣片分解；使用形状取出工具 、切断工具 ，依据分割线，将衣片分解；并使用旋转移动工具 、点列修正工具 ，对分解后的衣片进行省的合并和外轮廓造型的修正。（图 4.37）

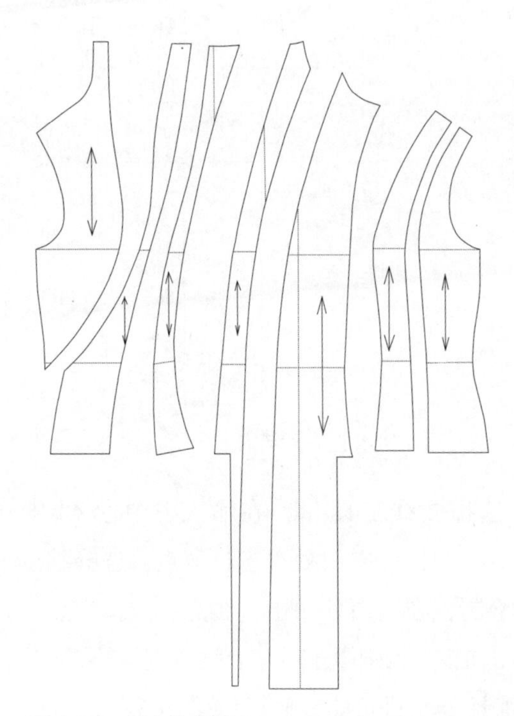

图 4.37　前衣片分解

四、裙片结构制图

首先选择形状取出工具 ，将前裙片从前片中分离。然后选择纸样 / 等分割 / 两端旋转工具，框选前裙片，确定以裙片上部为展开中心位置，同时，断开位置为裙片下部。然后，单击靠近中心线侧的裙片上部；在输入框中输入分割数“23”，按【Enter】键，这里设定褶裥的数量；输入开始端的断开量“1”，按【Enter】键，设定褶裥的宽度为 1cm；继续输入“2”，按【Enter】键，2cm是终点展开的量，也是设定褶裥下部展开的量。裙片展开，操作完成。

选择纸样/褶/活褶工具，在输入框中输入“5”，按【Enter】键，设置褶裥的长度为5cm；继续输入“1”，按【Enter】键，设置褶裥的斜线间隔为1cm；分别指示褶裥的两端，一端是倒向侧，另外一端是省线，完成一个褶裥的绘制。在不改变数值的情况下，持续指示褶裥两侧的省线，直到完成所有褶裥的绘制。

后裙片展开和前裙片展开的操作相同。褶裥数量为27个，褶裥的上部为1cm，在裙摆展开处为2cm。展开裙片后，继续使用活褶命令完成褶裥的绘制，褶裥长度为5cm，斜线距离为1cm，褶裥绘制完毕。选择属性/变更线型/一点划线命令，将裙片后中心线变更为一点划线，这是衣片进行连裁的平面制图标志。（图4.38、图4.39）

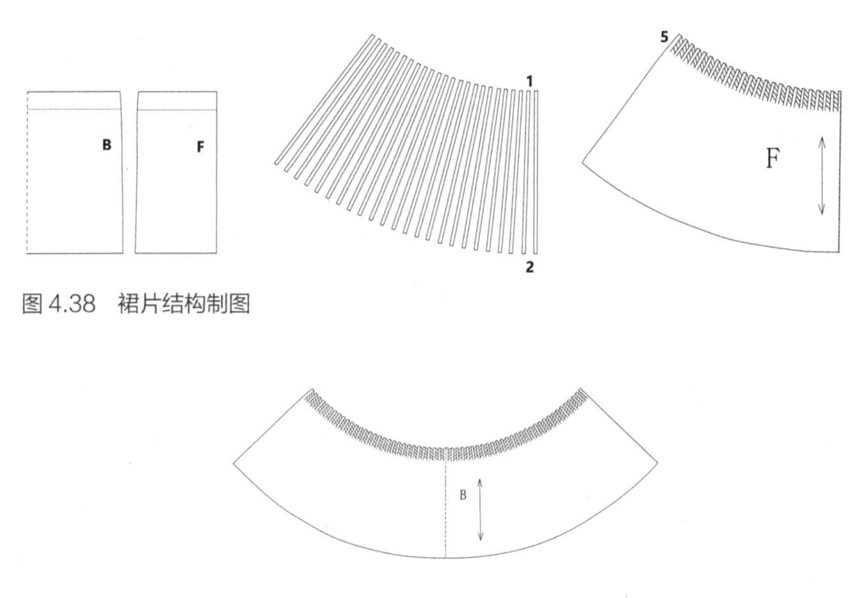

图4.38 裙片结构制图

图4.39 后裙片结构制图

五、袖片制图

选择要素长度工具，分别量取前袖笼长度21cm、后袖笼长度23cm，设置袖长为20cm，袖宽为32cm。

（1）绘制袖片结构。单击水平线工具，在画面空白处单击一点，在输入框中输入“32”，按【Enter】键，完成袖宽绘制；选择垂直线工具，在输入框中输入“15.5”，按【Enter】键，单击袖宽线右侧端点，再次输入“18”，按【Enter】键，完成袖山高线；选择长度线工具，单击右侧袖宽点，再单击袖山高线，输入“21.5”，按【Enter】键，完成前袖山斜线绘制。选择连接角工具，框选袖山高线和前袖山斜线，删除多余要素；选择两点线工具，连接袖山顶点到左侧袖宽点，完成后袖山斜线。

选择剪切线工具 ，单击袖山高顶点，在输入框中输入袖长“20”，按【Enter】键。选择水平线 ，分别从袖长 20cm 处，向两侧绘制任意长度水平线；选择垂直线工具 ，分别从前、后袖宽点向下作垂线交于水平线；选择连接角工具 ，删除成角的多余要素，完成袖片框架的绘制。

（2）绘制袖山曲线辅助点。选择垂线工具 ，单击前袖山斜线，输入“1.8”，按【Enter】键；选择比率点 ，在输入框中输入“0.25”，按【Enter】键；单击前袖山斜线靠近袖山顶点端，在袖山外空白处再次单击，完成前袖山曲线上的 1.8 前袖山曲线绘制辅助点。

再次单击前袖山斜线，输入“1.3”，按【Enter】键；选择比率点 ，在输入框中输入“0.25”，按【Enter】键；单击前袖山斜线靠近袖宽点端，在袖山内侧空白处单击，完成前袖山曲线上的 1.3 前袖山曲线绘制辅助点。

测量前袖山斜线 1/4 处的长度为 5.3cm，选择垂线工具 ，单击后袖山斜线，输入“1.6”，按【Enter】键；在输入框中输入“5.3”，按【Enter】键；单击后袖山斜线靠近袖山顶点端，在袖山外空白处再次单击，完成后袖山曲线上的 1.6 后袖山曲线绘制辅助点。

（3）绘制前袖山曲线。选择曲线工具 ，起点为袖山顶点，在空白处单击任意点，单击 1.8 前袖山曲线绘制辅助点；在空白处再次单击任意点；选择中心点工具 ，在输入框中输入“1”，按【Enter】键，单击前袖山斜线偏向袖宽点一侧；在空白处再次单击任意点；在输入框中输入“0”，按【Enter】键，单击 1.3 前袖山曲线绘制辅助点；在空白处再次单击任意点；最后单击前袖宽点。

（4）绘制后袖山曲线。选择曲线工具 ，起点为袖山顶点，在空白处单击任意点，单击 1.6 后袖山曲线绘制辅助点；在空白处再次单击任意点；选择比率点 ，在输入框中输入“0.3”，按【Enter】键；单击后袖山斜线靠近后袖宽点端；在袖山内侧空白处单击任意点；最后单击后袖宽点，完成后袖山曲线的绘制。

（5）绘制袖口。选择两点线 ，单击前袖宽点，在输入框中输入“1.5”，按【Enter】键，再单击前袖片袖口线，完成前袖侧缝线绘制。后袖侧缝线绘制方法相同。选择曲线工具 ，重新绘制袖口线，袖口曲线与袖侧缝相交的角，应该调整为直角造型。（图 4.40）

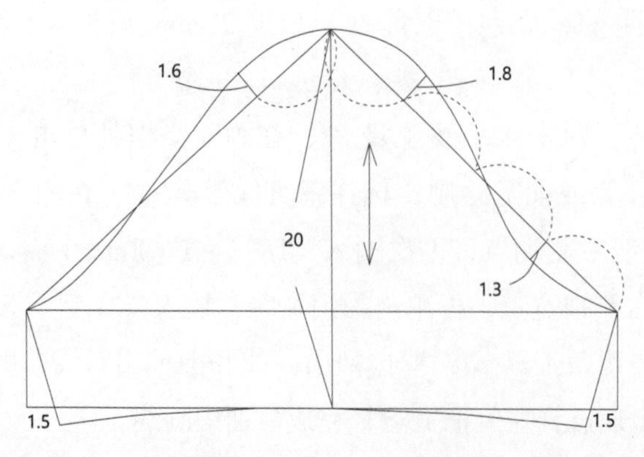

图 4.40　袖片制图

（6）连衣裙操作完毕。连衣裙结构图如图 4.41 所示，连衣裙结构分解图如图 4.42 所示。

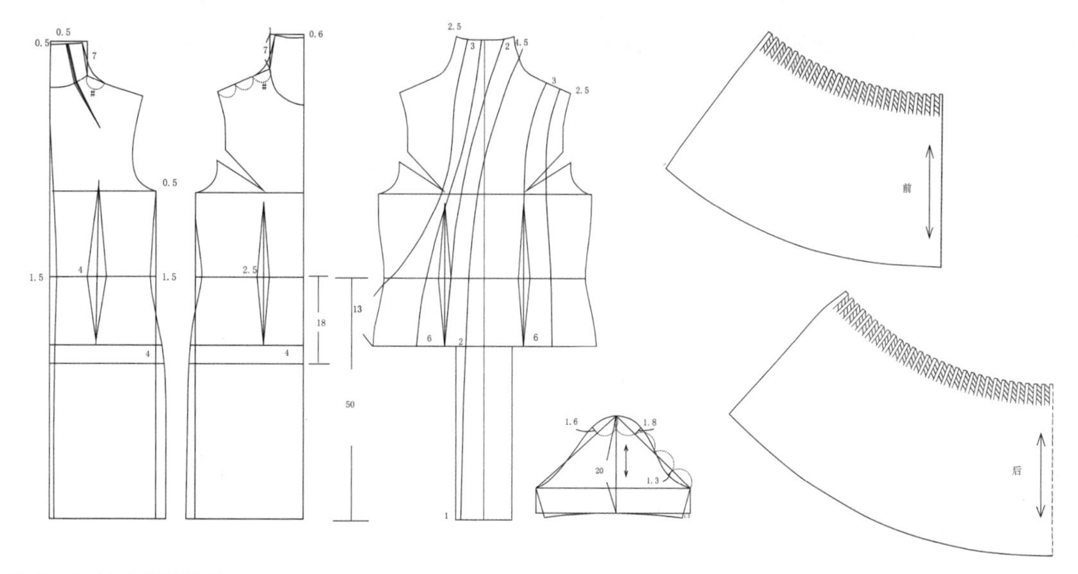

图 4.41　连衣裙结构图

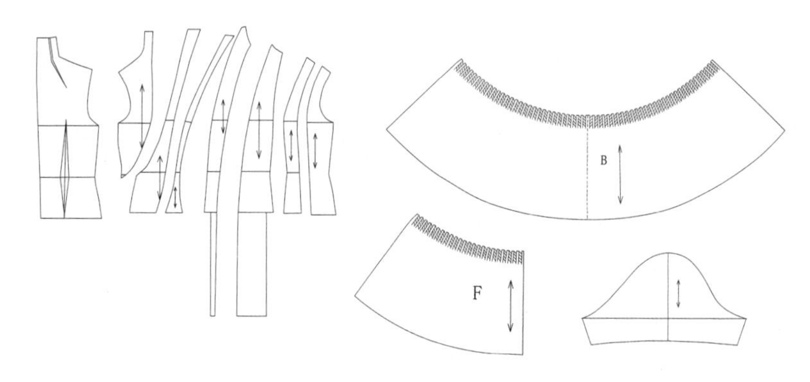

图 4.42　连衣裙结构分解图

思考与实践

（1）原型制图。制图尺寸：胸围 /88cm；背长 /39cm；腰围 /76cm；袖长 /54cm。

（2）牛仔裤制图。制图尺寸：裤长 /104cm；臀围 /90cm；腰围 /78cm。